从零开始学技术—土建工程系列

# 架子工

张春霞 主编

中国铁道出版社

2012年·北 京

## 内容提要

本书是按住房和城乡建设部、劳动和社会保障部发布的《职业技能标准》和《职业技能岗位鉴定规范》的内容，结合农民工实际情况，将农民工的理论知识和技能知识编成知识点的形式，系统地介绍了架子工的常用技能，内容包括落地扣件式脚手架的基本结构与搭设方法、落地碗口式钢管脚手架的基本构造与搭设方法、落地门式钢管外脚手架的基本构造与搭设方法、悬挑式脚手架的基本构造与搭设方法、爬架的基本构造与搭设方法、模板支撑架的基本构造与搭设方法、烟囱及水塔脚手架的构造与搭设方法、其他脚手架的搭设等。本书技术内容最新、最实用，文字通俗易懂，语言生动，并辅以大量直观的图表，能满足不同文化层次的技术工人和读者的需要。

本书可作为建筑业农民工职业技能培训教材，也可供建筑工人自学以及高职、中职学生参考使用。

**图书在版编目(CIP)数据**

架子工/张春霞主编．—北京：中国铁道出版社，2012．6
(从零开始学技术．土建工程系列)
ISBN 978-7-113-13585-0

Ⅰ．①架…　Ⅱ．①张…　Ⅲ．①脚手架—工程施工　Ⅳ．①TU731．2

中国版本图书馆 CIP 数据核字(2011)第 203812 号

书　　名：从零开始学技术—土建工程系列
　　　　　架　子　工
作　　者：张春霞

策划编辑：江新锡　徐　艳
责任编辑：徐　艳　　　　电话：010－51873193
助理编辑：王佳琦
封面设计：郑春鹏
责任校对：孙　玫
责任印制：郭向伟

出版发行：中国铁道出版社(100054，北京市西城区右安门西街 8 号)
网　　址：http://www.tdpress.com
印　　刷：化学工业出版社印刷厂
版　　次：2012 年 6 月第 1 版　2012 年 6 月第 1 次印刷
开　　本：850mm×1168mm　1/32　印张：3.5　字数：86 千
书　　号：ISBN 978-7-113-13585-0
定　　价：11.00 元

# 从零开始学技术丛书
# 编写委员会

# 前　言

随着我国经济建设飞速发展，城乡建设规模日益扩大，建筑施工队伍不断增加，建筑工程基层施工人员肩负着重要的施工职责，是他们依据图纸上的建筑线条和数据，一砖一瓦地建成实实在在的建筑空间，他们技术水平的高低，直接关系到工程项目施工的质量和效率，关系到建筑物的经济和社会效益，关系到使用者的生命和财产安全，关系到企业的信誉、前途和发展。

建筑业是吸纳农村劳动力转移就业的主要行业，是农民工的用工主体，也是示范工程的实施主体。按照党中央和国务院的部署，要加大农民工的培训力度。通过开展示范工程，让企业和农民工成为最直接的受益者。

丛书结合原建设部、劳动和社会保障部发布的《职业技能标准》和《职业技能岗位鉴定规范》，以实现全面提高建设领域职工队伍整体素质，加快培养具有熟练操作技能的技术工人，尤其是加快提高建筑业基层施工人员职业技能水平，保证建筑工程质量和安全，促进广大基层施工人员就业为目标，按照国家职业资格等级划分要求，结合农民工实际情况，具体以“职业资格五级（初级工）”、“职业资格四级（中级工）”和“职业资格三级（高级工）”为重点而编写，是专为建筑业基层施工人员“量身订制”的一套培训教材。

同时，本套教材不仅涵盖了先进、成熟、实用的建筑工程施工技术，还包括了现代新材料、新技术、新工艺和环境、职业健康安全、节能环保等方面的知识，力求做到技术内容先进、实用，文字通俗易懂，语言生动，并辅以大量直观的图表，能满足不同文化层次的技术工人和读者的需要。

本丛书在编写上充分考虑了施工人员的知识需求，形象具体地阐述施工的要点及基本方法，以使读者从理论知识和技能知识两方面掌握关键点。全面介绍了施工人员在施工现场所应具备的技术及其操作岗位的基本要求，使刚入行的施工人员与上岗“零距离”接口，尽快入门，尽快地从一个新手转变成为一个技术高手。

从零开始学技术丛书共分三大系列，包括：土建工程、建筑安装工程、建筑装饰装修工程。

**土建工程系列包括：**

《测量放线工》、《架子工》、《混凝土工》、《钢筋工》、《油漆工》、《砌筑工》、《建筑电工》、《防水工》、《木工》、《抹灰工》、《中小型建筑机械操作工》。

**建筑安装工程系列包括：**

《电焊工》、《工程电气设备安装调试工》、《管道工》、《安装起重工》、《通风工》。

**建筑装饰装修工程系列包括：**

《镶贴工》、《装饰装修木工》、《金属工》、《涂裱工》、《幕墙制作工》、《幕墙安装工》。

**本丛书编写特点：**

(1)丛书内容以读者的理论知识和技能知识为主线，通过将理论知识和技能知识分篇，再将知识点按照【技能要点】的编写手法，读者将能够清楚、明了地掌握所需要的知识点，操作技能有所提高。

(2)以图表形式为主。丛书文字内容尽量以表格形式表现为主，内容简洁、明了，便于读者掌握。书中附有读者应知应会的图形内容。

编者

2012年3月

# 目　录

# 第一章　落地扣件式脚手架的基本结构与搭设方法

## 第一节　落地扣件式脚手架的构造

**【技能要点 1】立杆的构造要求**

立杆一般用单根，当脚手架很高、负荷较重时可以采用双根立杆。每根立杆底部应设置底座或垫板。立杆顶端宜高出女儿墙上皮 1 m，高出檐口上皮 1.5 m。

立杆接长除顶层顶步可采用搭接接头外，其余各层各步接头必须采用对接扣件连接(对接的承载能力比搭接大 2.14 倍)。立杆上的对接接头应交错布置，在高度方向错开的距离不应小于 500 mm，各接头中心距主节点的距离不应大于步距的 1/3；立杆的搭接长度不应小于 1 m，不少于 2 个旋转扣件固定，端部扣件盖板的边缘至杆端距离不应小于 100 mm。

双管立杆中副立杆的高度不应低于 3 步，钢管长度不应小于 6 m. 双管立杆与单管立杆的连接可以采用如图 1—1 所示的方式。主立杆与副立杆采用旋转扣件连接，扣件数量不应小于 2 个。

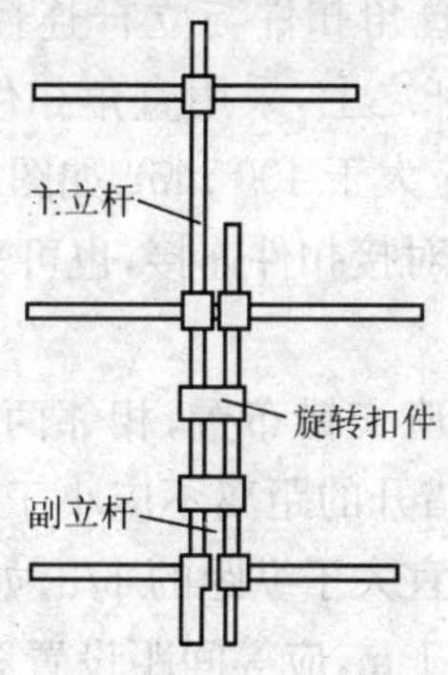


图 1—1　立杆连接

脚手架必须设置纵、横向扫地杆，并用直角扣件固定在立杆上，横向扫地杆的扣件在下，扣件距底座上皮不大于 200 mm。当立杆基础不在同一高度上时，必须将高处的纵向扫地杆向低处延长两跨与立杆固定，高低差不应大于 1 m。靠边坡上方的立杆轴线到边坡的距离不应小于 500 mm，如图 1—2 所示。脚手架底层步距不应大于 2 m。立杆必须用连墙件与建筑物可靠连接，连墙件布置间距宜按规范采用。

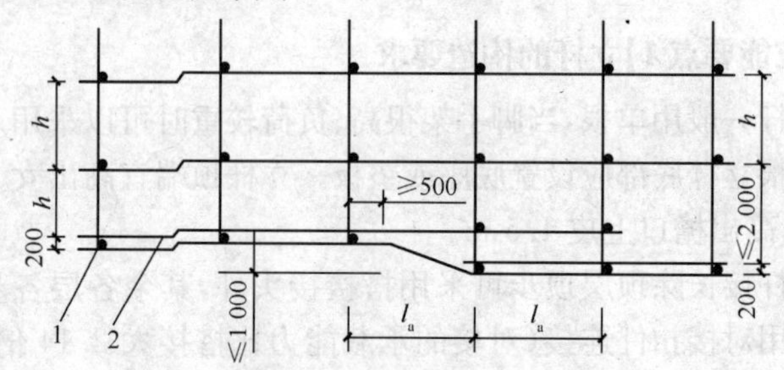


**图 1—2　纵横向扫地杆构造**

1—横向扫地杆；2—纵向扫地杆

**【技能要点 2】大横杆的构造要求**

大横杆宜设置在立杆内侧，其长度不宜小于 3 跨，并不小于 6 m。

当使用冲压钢脚手板、木脚手板、竹串片脚手板时，大横杆应设在小横杆之下，采用直角扣件与立杆连接；当使用竹笆脚手板时，大横杆应设在小横杆之上，采用直角扣件固定在小横杆上，并应等间距设置，间距不应大于 400 mm，如图 1—3 所示。

大横杆接长宜采用对接扣件连接，也可采用搭接。对接、搭接应符合下列规定。

大横杆的对接扣件应交错布置，相邻两接头不宜设置在同步或同跨内，在水平方向错开的距离不应小于 500 mm；各接头中心至最近主节点的距离不宜大于纵距的 1/3，如图 1—4 所示。

搭接长度不应小于 1 m，应等间距设置 3 个旋转扣件固定，端部扣件盖板边缘至搭接纵向水平杆杆端的距离不应小于 100 mm。

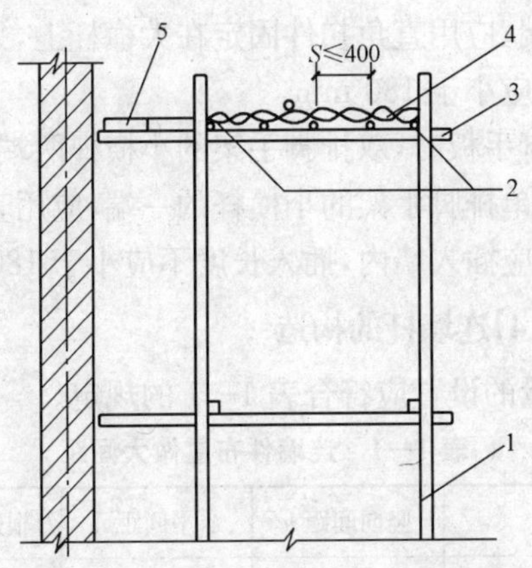


图 1—3　铺竹笆脚手板时纵向水平杆的构造

1—立杆；2—纵向水平杆；3—横向水平杆；4—竹笆脚手板；5—其他脚手板

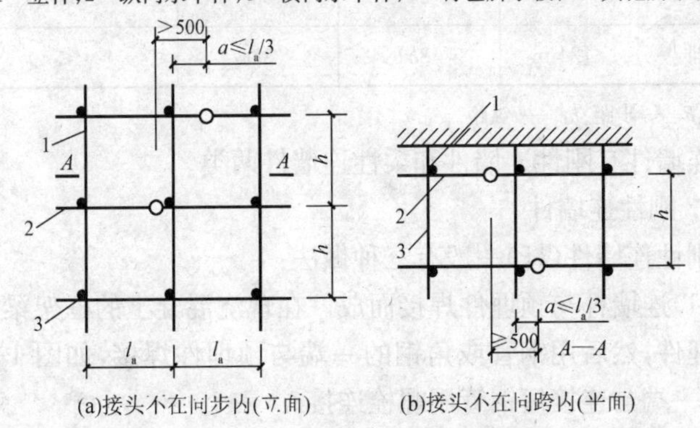


(a)接头不在同步内(立面)　(b)接头不在同跨内(平面)

图 1—4　纵向水平杆对接接头位置

1—立杆；2—纵向水平杆；3—横向水平杆

## 【技能要点 3】小横杆的构造要求

主节点处必须设置一根小横杆，用直角扣件固定在大横杆上且严禁拆除。

作业层上非主节点处的小横杆，宜根据支承脚手板的需要等间距设置，最大间距不应大于纵距的 1/2。

当使用冲压钢脚手板、木脚手板、竹串片脚手板时，双排脚手架的小横杆两端均应采用直角扣件固定在大横杆上；单排脚手架的小横杆的一端，应用直角扣件固定在大横杆上，另一端应插入墙内，插入长度不应小于 180 mm。

使用竹笆脚手板时，双排脚手架的小横杆两端，应用直角扣件固定在立杆上；单排脚手架的小横杆的一端，应用直角扣件固定在立杆上，另一端应插入墙内，插入长度不应小于 180 mm。

**【技能要点 4】连墙杆的构造**

连墙件数量的设置应符合表 1—1 的规定。

**表 1—1 连墙件布置做大间距**

| 脚手架高度 | | 竖向间距 $h$ | 水平间距 $l_0$ | 每根连墙件覆盖面积($m^2$) |
|---|---|---|---|---|
| 双排 | ≤50 m | $3h$ | $3h_0$ | ≤40 |
| | >50 m | $2h$ | $3h_0$ | ≤27 |
| 单排 | ≤24 m | $3h$ | $3h_0$ | ≤40 |

注：$h$——步距；$h_0$——纵距。

连墙件有刚性连墙件和柔性连墙件两类。

1. 刚性连墙件

刚性连墙件(杆)一般有三种做法：

(1)连墙杆与预埋件焊接而成。在现浇混凝土的框架梁、柱上留预埋件，然后用钢管或角钢的一端与预埋件焊接，如图 1—5 所示，另一端与连接短钢管用螺栓连接。

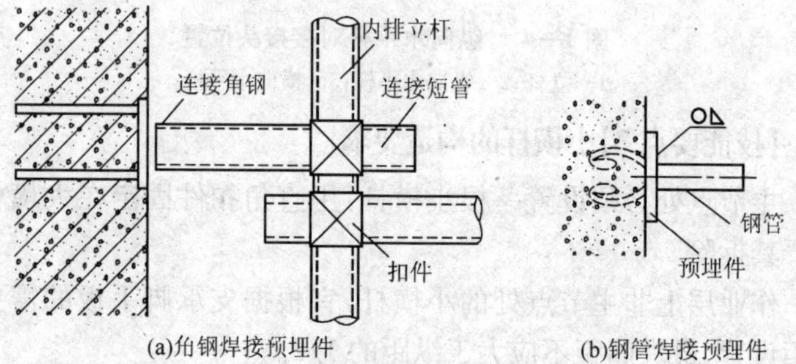


(a)角钢焊接预埋件　(b)钢管焊接预埋件

**图 1—5 钢管焊接刚性连墙杆**

(2)用短钢管、扣件与钢筋混凝土柱连接，如图 1—6 所示。

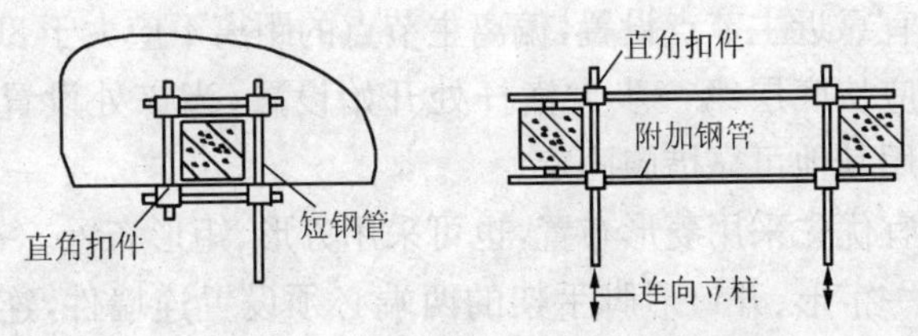


**图 1—6　钢管、扣件柱刚性连墙杆**

(3)用短钢管、扣件与墙体连接,如图 1—7 所示。

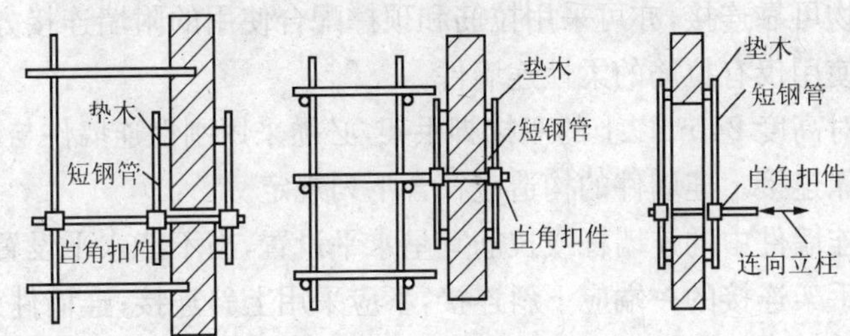


**图 1—7　钢管、扣件墙刚性连墙杆**

2. 柔性连墙件

单排脚手架的柔性连墙件做法,如图 1—8 (a)所示,双排脚手架的柔性连墙件做法,如图 1—8 (b)所示。拉接和顶撑必须配合使用。其中,拉筋用 φ6 钢筋或 φ4 的钢丝,用来承受拉力;顶撑用钢管和木楔,用以承受压力。

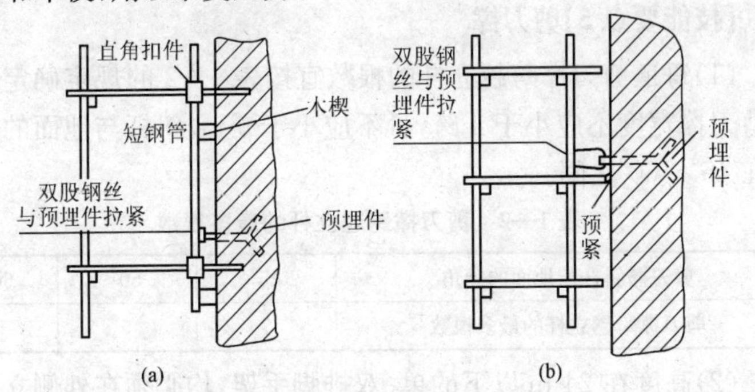


**图 1—8　柔性连墙杆**

连墙件的布置应符合下列规定。

(1)宜靠近主节点设置,偏离主节点的距离不应大于 300 mm。

(2)应从底层第一步大横杆处开始设置,当该处设置有困难时,应采用其他可靠措施固定。

(3)宜优先采用菱形布置,也可采用方形、矩形布置。

(4)一字形、开口形脚手架的两端必须设置连墙件,连墙件的垂直间距不应大于建筑物的层高,并不应大于 4 m(两步)。

对高度在 24 m 以下的单、双排脚手架,宜采用刚性连墙件与建筑物可靠连接,亦可采用拉筋和顶撑配合使用的附墙连接方式。严禁使用仅有拉筋的柔性连墙件。

对高度 24 m 以上的双排脚手架,必须采用刚性连墙件与建筑物可靠连接。连墙件的构造应符合下列规定。

连墙件中的连墙杆或拉筋宜呈水平设置,当不能水平设置时,与脚手架连接的一端应下斜连接,不应采用上斜连接;连墙件必须采用可承受拉力和压力的构造。

当脚手架下部暂不能设连墙件时可搭设抛撑。抛撑应采用通长杆件与脚手架可靠连接,与地面的倾角应在 45°~60°,在连墙件搭设后方可拆除。

架高超过 40 m 且有风涡流作用时,应采取抗上升翻流作用的连墙措施。

**【技能要点 5】剪刀撑**

(1)每道剪刀撑跨越立杆的根数宜按表 1—2 的规定确定。每道剪刀撑宽度不应小于 4 跨,且不应小于 6 m,斜杆与地面的倾角宜在 45°~60°之间。

**表 1—2 剪刀撑跨越立杆的最多根数**

| 剪刀撑斜杆与地面的倾角 | 45° | 50° | 60° |
|---|---|---|---|
| 剪刀撑跨越立杆的最多根数 | 7 | 6 | 5 |

(2)高度在 24 m 以下的单、双排脚手架,均必须在外侧立面的两端各设置一道剪刀撑,并应由底至顶连续设置;中间各道剪刀撑之间的净距不应大于 15 m。

(3)高度在 24 m 以上的双排脚手架应在外侧立面整个长度和高度上连续设置剪刀撑。

(4)剪刀撑斜杆的接长宜采用搭接,搭接要求与立杆搭接要求相同。

(5)剪刀撑斜杆应用旋转扣件固定在与之相交的小横杆的伸出端或立杆上,旋转扣件中心线至主节点的距离不宜大于 150 mm。

**【技能要点 6】横向斜撑**

(1)横向斜撑应在同一节间,由底层至顶层呈之字形连续布置。

(2)一字形、开口形双排脚手架的两端均必须设置横向斜撑。

(3)高度在 24 m 以下的封闭型双排脚手架可不设横向斜撑;高度在 24 m 以上的封闭型脚手架,除拐角应设置横向斜撑外,中间应每隔 6 跨设置一道。

**【技能要点 7】扣件安装**

(1)扣件规格必须与钢管外径 ϕ48 或 ϕ51 相同。

(2)螺栓拧紧扭力矩不应小于 40 N·m,且不应大于 65 N·m。

扣件螺栓拧得太紧或拧过头,在脚手架承受荷载后,容易发生扣件崩裂或滑丝,发生安全事故。扣件螺栓拧得太松,在脚手架承受荷载后,容易发生扣件滑落,发生安全事故。

(3)在主节点处固定小横杆、大横杆、剪刀撑、横向斜撑等用的直角扣件、旋转扣件的中心点的相互距离不应大于 150 mm。

(4)对接扣件开口应朝上或朝内。

(5)各杆件端头伸出扣件盖板边缘的长度不应小于 100 mm。

**【技能要点 8】脚手板的设置要求**

作业层脚手板应铺满、铺稳,离开墙面 120～150 mm。

冲压钢脚手板、木脚手板、竹串片脚手板等,应设置在三根小横杆上。当脚手板长度小于 2 m 时,可采用两根小横杆支承,但应将脚手板两端与其可靠固定,严防倾翻。这三种脚手板的铺设可采用对接平铺，也可采用搭接铺设。脚手板对接平铺时，接头处必须设两根小横杆，脚手板外伸长应取 130～150 mm，两块脚手板外伸长度的和不应大于 300 mm，如图 1—9 (a)所示；脚手板搭接铺设时，接头必须支在小横杆上，搭接长度应大于 200 mm，其伸出小横杆的长度不应小于 100 mm，如图 1—9(b)所示。

竹笆脚手板应按其主竹筋垂直于大横杆方向铺设，且采用对接平铺，四个角应用直径 1.2 mm 的镀锌钢丝固定在大横杆上。

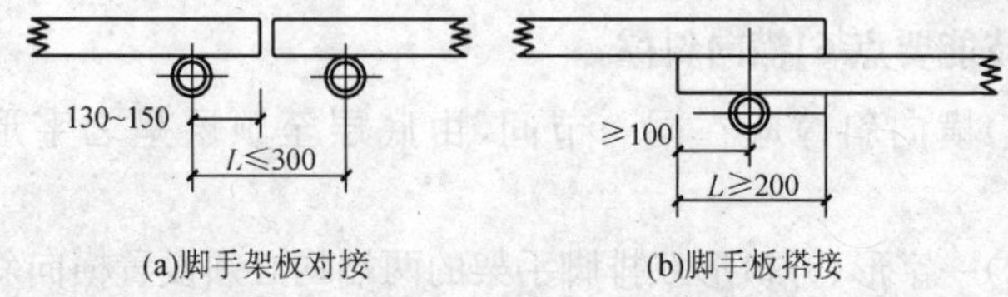


**图 1—9 脚手板对接、搭接构造**

脚手板探头应用直径 3.2 mm 的镀锌钢丝固定在支承杆件上；在拐角、斜道平台口处的脚手板，应与小横杆可靠连接，防止滑动；自顶层作业层的脚手板往下计，宜每隔 12 m 满铺一层脚手板。

**【技能要点 9】护栏和挡脚板的设置**

脚手架搭设到两步架以上时，操作层必须设置高 1.2 m 的防护栏杆和高度不小于 0.18 m 的挡脚板，以防止人、物的闪出和坠落。栏杆和挡脚板均应搭设在外立杆的内侧，中栏杆应居中设置。

**【技能要点 10】特殊部位的设置**

脚手架搭设遇到门洞通道时，为了施工方便和不影响通行与运输，应设置八字撑，如图 1—10 所示。

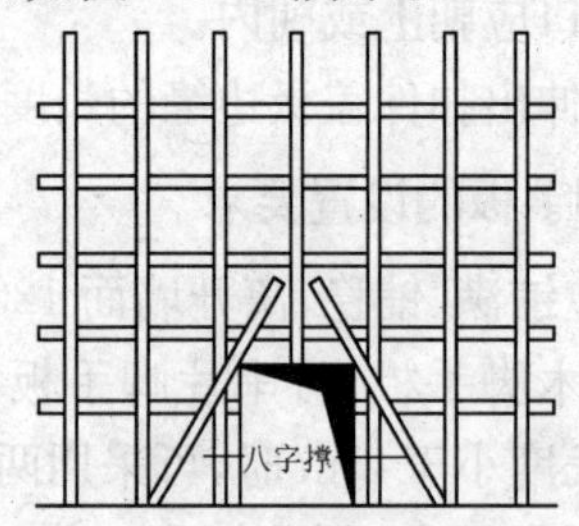


**图 1—10 通道处八字撑布置**

八字撑设置的方法是在门洞或过道处反空1～2根立杆，将悬空的立杆用斜杆逐根连接到两侧立杆上并用扣件扣牢，形成八字撑。斜面撑与地面呈45°～60°夹角，上部相交于洞口上部2～3步大横杆上，下部埋入土中不少于300 mm。洞口处大横杆断开。

## 第二节　落地扣件式脚手架的搭设

**【技能要点1】施工准备**

(1)工程技术人员向施工人员、使用人员进行技术交底，明确脚手架的质量标准、要求、搭设形式及安全技术措施。

(2)将建筑物周围的障碍物和杂物清理干净，平整好搭设场地，松土处要进行夯实，有可靠的排水措施。

(3)把钢管、扣件、底座、脚手板及安全网等运到搭设现场，并按脚手架材料的质量要求进行检查验收，不符合要求的都不准使用。扣件式钢管脚手架应采用可锻铸铁制作的扣件，其质量可靠；钢板压制扣件现行规范不推荐使用。钢管脚手架的脚手板常用的类型有冲压式钢脚手板、木脚手板、竹串片及竹笆板等，可根据施工地区的材源就地取材使用。

**【技能要点2】搭设顺序**

按建筑物平面形式放线→铺垫板→按立杆间距排放底座→摆放纵向扫地杆→逐根竖立杆→与纵向扫地杆扣紧→安放横向扫地杆→与立杆或纵向扫地杆扣紧→绑扎第一步纵向水平杆和横向水平杆→绑扎第二步纵向水平杆和横向水平杆→加设临时抛撑(设置两道连墙杆后可拆除)→绑扎第三、四步纵向水平杆和横向水平杆→设置连墙杆→绑扎横向斜撑→接立杆→绑扎剪刀撑→铺脚手板→安装护身栏和挡脚板→绑扎封顶杆→立挂安全网。

**【技能要点3】搭设要点**

(1)按建筑物的平面形式放线、铺垫板。根据脚手架的构造要求放出立杆位置线，然后按线铺设垫板，垫板厚度不小于50 mm，再按立杆的间距要求放好底座。

(2)摆放扫地杆、竖立杆。脚手架必须设置纵、横向扫地杆。纵向扫地杆应采用直角扣件固定在距底座上皮不大于 200 mm 处的立杆内侧;横向扫地杆也应采用直角扣件固定在紧靠纵向扫地杆下方的立杆上,其摆放、构造如图 1—11 所示。

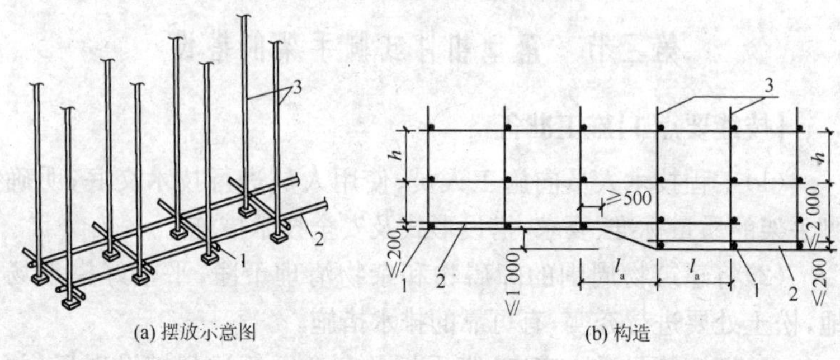


**图 1—11　纵、横向扫地杆**

1—横向扫地杆;2—纵向扫地杆;3—立杆

竖立杆时,将立杆插入底座中,并插到底。要先里排后外排,先两端后中间。在与纵向水平杆扣住后,按横向水平杆的间距要求,将横向水平杆与纵向水平杆连接扣住,然后绑上临时抛撑(斜撑)。开始搭设立杆时,应每隔 6 跨设置一根抛撑,直至连墙件安装稳定后,方可根据情况拆除。立杆必须用连墙件与建筑物可靠连接。严禁将 ϕ48 与 ϕ51 的钢管混合使用。

对于双排脚手架,在第一步架搭设时,最好有 6～8 人互相配合操作。立杆竖起时,最好两人配合操作,一人拿起立杆,将一头顶在底座处;另一人用左脚将立杆底端踩住,再左手扶住立杆,右手帮助用力将立杆竖起,待立杆竖直后插入底座内。一人不松手继续扶立杆,另一人再拿起纵向水平杆与立杆绑扎。

(3)安装纵、横向水平杆的操作要求。应先安装纵向水平杆,再安装横向水平杆,结构如图 1—12 所示。纵向水平杆宜设置在立杆内侧,其长度不宜小于 3 跨。

进行各杆件连接时,必须有一人负责校正立杆的垂直度和纵向水平杆的水平度。立杆的直偏差控制在 1/200 以内。在端头的立杆校直后,以后所竖的立杆就以端头立杆为标志搭设即可。

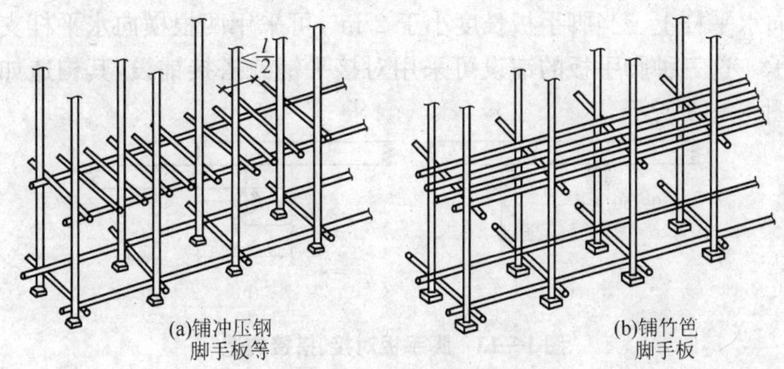


**图 1—12　纵、横向水平杆安装**

(4)连墙件。连墙件中的连墙杆或拉筋宜呈水平设置，连墙件必须采用可承受拉力和压力的构造。连墙件设置数量应符合表1—3的规定。

**表 1—3　连墙件布置最大间距**

| 脚手架高度 $H$(m) | | 竖向间距 | 水平间距 | 每根连墙件覆盖面积($m^2$) |
|---|---|---|---|---|
| 双排 | $H\leqslant50$ | $3h$ | $3l_n$ | $\leqslant40$ |
| | $H>50$ | $2h$ | $3l_n$ | $\leqslant27$ |
| 单排 | $H\leqslant24$ | $3h$ | $3l_n$ | $\leqslant40$ |

注：$h$——步距；$l_n$——纵距。

(5)剪刀撑和横向斜撑。双排脚手架应设剪刀撑和横向斜撑，单排脚手架应设剪刀撑。高度在 24 m 以下的单、双排脚手架，均必须在外侧立面的两端各设置一道剪刀撑，并应由底至顶连续设置。高度在 24 m 以上的双排脚手架，应在外侧立面整个长度和高度上连续设置剪刀撑。横向斜撑应在同一节间、由底至顶层呈“之”字形连续布置。剪刀撑和横向斜撑搭设应随立杆、纵向水平杆、横向水平杆等同步进行。

(6)脚手板的设置。作业层脚手板应铺满、铺稳，离开墙面 120～150 mm，端部脚手板探头长度应取 150 mm，其板长两端均应与支承杆可靠固定。

冲压钢脚手板、木脚手板、竹串片脚手板等，应设置在三根横向水平杆上。当脚手板长度小于 2 m，可采用两根横向水平杆支承。这三种脚手板的铺设可采用对接平铺或搭接铺设，其构造如图 1—13 所示。

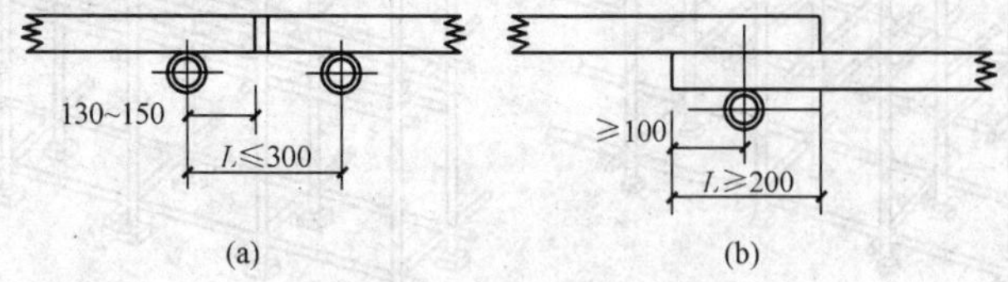


**图 1—13 脚手板对接、搭接构造**

竹笆脚手板应按其主竹筋垂直于纵向水平杆方向铺设，且采用对接平铺，四个角应用直径为 1.2 mm 的镀锌钢丝固定在纵向水平杆上。

(7)护身栏和挡脚板。护身栏和挡脚板应设在外立杆内侧；上栏杆上皮高度应为 1.2 m，中栏杆应居中设置；挡脚板高度应不小于 180 mm，构造如图 1—14 所示。

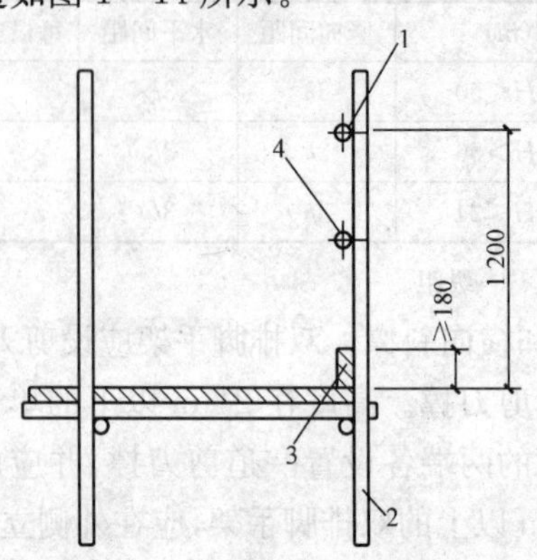


**图 1—14 栏杆和挡脚板构造**

1—上栏杆；2—外立杆；3—挡脚板；4—中栏杆

(8)搭设安全网。应严格执行国家标准《建筑施工安全网搭设安全技术范》。

一般沿脚手架外侧满挂封闭式安全立网，底部搭设防护棚，立网应与立杆和纵向水平杆绑扎牢固，绑扎间距小于 0.30 m。在脚手架底部离地面 3～5 m 和层间每隔 3～4 步处，设置水平安全网及支架一道，水平安全网的水平张角约 2°，支护距离大于 2 m 时，用调整拉杆夹角的方法来调整张角和水平距离，并使安全网张紧。在安全网支架层位的上下两节点必须设连墙杆各一个，水平距离 4 跨设一个连墙杆，构造如图 1—15 所示。

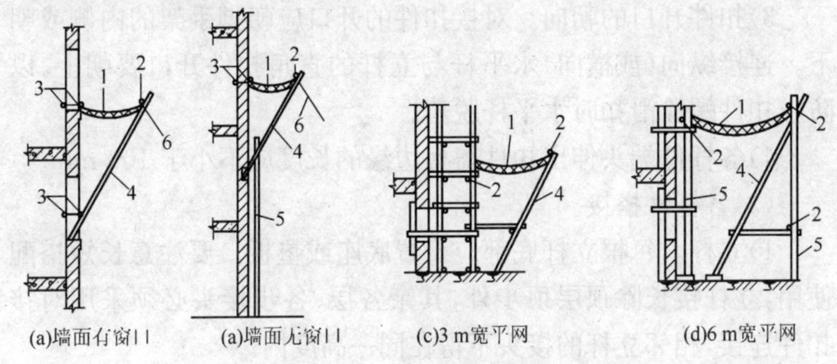


**图 1—15　水平安全网设置**

1—平网；2—纵向水平杆；3—栏横杆；4—斜杆；5—立杆；6—麻绳

(9)脚手架的封顶。脚手架封顶时，必须按安全技术操作规程进行。

外排立杆顶端，平屋顶的必须超过女儿墙顶面 1 m；坡屋顶的必须超过檐口顶 1.5 m。

非立杆必须低于檐口底面 15～20 cm，脚手架最上一排连墙件以上建筑物高度应不大于 4 m。

在房屋挑檐部位搭设脚手架时，可用斜杆将脚手架挑出，要求挑出分的高度不得超过两步，宽度不超过 1.5 m；斜杆应在每根立杆上挑出，与水平面的夹角须小于 6°，斜杆两端均交于脚手架的主节点处；斜杆间距不得大于 1.5 m；脚手架挑出分最外排立杆与原脚手架的两排立杆，应至少设置 3 道平行的纵向水平杆。

脚手架顶面外排立杆要绑两道护身栏、一道挡脚板，并要立挂一道安全网，以确保安全外檐施工方便。

**【技能要点 4】搭设注意事项**

(1)扣件安装注意事项。

1)扣件规格必须与钢管规格相同。

2)扣件的螺栓拧紧度十分重要，扣件螺栓拧得太紧或太松都容易发生事故，如拧得过松，脚手架容易向下滑落；拧得过紧，会使扣件崩裂和滑扣，使脚手架发生倒塌事故。扭力矩以45～55 N·m为宜，最大不超过 65 N·m。

3)扣件开口的朝向。对接扣件的开口应朝脚手架的内侧或朝下。连接纵向(或横向)水平杆与立杆的直角扣件开口要朝上，以防止扣件螺栓滑扣时水平杆脱落。

4)各杆件端头伸出扣件盖板边缘的长度应不小于 100 mm。

(2)各杆件搭接。

1)立杆。每根立杆底部应设置底座或垫板。要注意长短搭配使用，立杆接长除顶层顶步外，其余各层、各步接头必须采用对接扣件连接，相邻立杆的接头不得在同一高度内。

2)纵向水平杆。纵向水平杆的接长宜采用对接扣件连接，也可采用搭接。对接扣件要求上下错开布置，如图 1—16 所示，两根相邻纵向水平杆的接头不得在同一步架内或同一跨间内；不同步或不同跨两个相邻接头在水平方向错开的距离应不小于 500 mm，各接头中心至最近主节点的距离不宜大于纵距的 1/3。

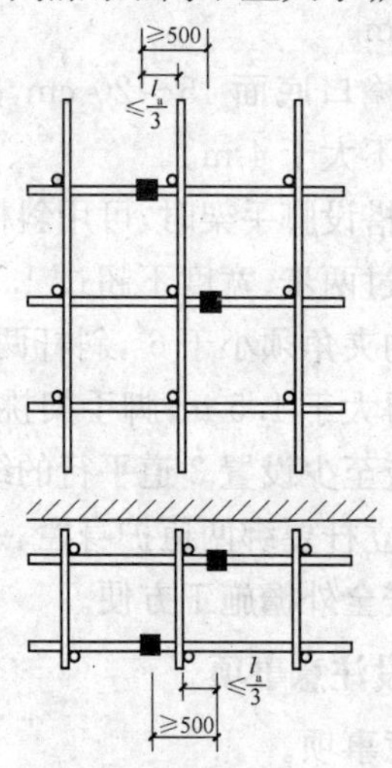


**图 1—16　纵向水平杆接头布置**

搭接时，搭接长度应不小于 1 m，应等间距设置 3 个旋转扣件固定，端部扣件盖板边缘至搭接纵向水平杆杆端的距离应不小于 100 mm，如图 1—17 所示。

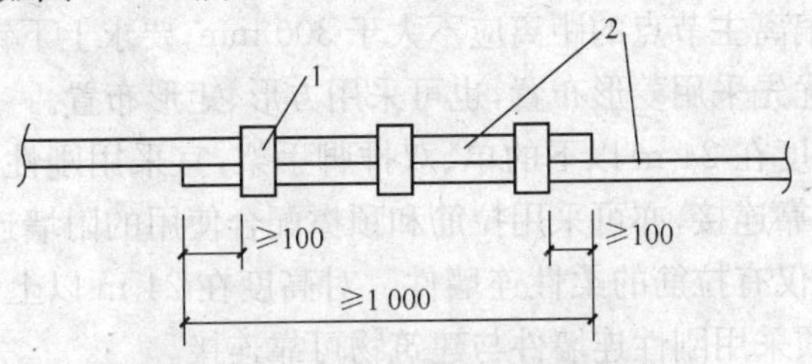


**图 1—17　纵向水平杆的搭接要求**

1—扣件；2—纵向水平杆

3)横向水平杆。主节点处必须设置一根横向水平杆，用直角扣件连接且严禁拆除。

(3)在递杆、拔杆时，下方人员必须将杆件往上送到脚手架上的上方人员接住杆件后方可松手，否则容易发生安全事故。在脚手架上的拔杆人员必须挂好安全带，双脚站好位置，一手抓住立杆，另一手向上拔杆，待杆件拔到中间时，用脚将下端杆件挑起，站在两端的操作人员立即接住，按要求绑扣件。

(4)剪刀撑的安装。随着脚手架的搭高，每搭七步架时，要及时安装剪刀撑。剪刀撑两端的扣件距邻近连接点应不大于 20 cm，最下一对剪刀撑与立杆的连接点距地面应不大于 50 cm，每道剪刀撑宽度应不小于 4 跨，且应不小于 6 m，斜杆与地面的倾角宜成 45°～60°。每道剪刀撑跨越立杆的根数应按表 1—4 的规定确定。

**表 1—4　剪刀撑跨越立杆的最多根数**

| 剪刀撑斜杆与地面的倾角 $\alpha$(°) | 45 | 50 | 60 |
| --- | --- | --- | --- |
| 剪刀撑跨越立杆的最多根数 $n$(根) | 7 | 6 | 5 |

剪刀撑斜杆的接长宜采用搭接。剪刀撑斜杆用旋转扣件固定在与之相交的横向水平杆的伸出端或立杆上，旋转扣件中心线至主节点的距离应不大于 150 mm。

(5)连墙件的安装。当钢管脚手架搭设较高(三步架以上)、无法支撑斜撑时，为了不使钢管脚手架往外倾斜，应设连墙件与墙体拉结牢固。

连墙件应从底层第一步纵向水平杆处开始设置，宜靠近主节点设置，偏离主节点的距离应不大于 300 mm；要求上下错开、拉结牢固；宜优先采用菱形布置，也可采用方形、矩形布置。

对高度在 24 m 以下的单、双排脚手架，宜采用刚性连墙件与建筑物可靠连接，亦可采用拉筋和顶撑配合使用的附墙连接方式。严禁使用仅有拉筋的柔性连墙件。对高度在 24 m 以上的双排脚手架，必须采用刚性连墙件与建筑物可靠连接。

(6)搭设单排扣件式钢管脚手架时，下列部位不应设置横向水平杆。

1)过梁上与过梁两端成 60°的三角形范围内及过梁净跨度一半的高度范围内。

2)宽度小于 48 cm 的独立或附墙砖柱。

3)宽度小于 1 m 的窗间墙。

4)梁或梁垫下及其左右各 50 cm 的范围内。

5)砖砌体的门窗洞口两侧 20 cm 和转角处 45 cm 的范围内。其他砌体的门窗洞口两侧 30 cm 和转角处 60 cm 的范围内。

6)设计规定不允许留设脚手眼的部位。

### 落地扣件或脚手架基础

1. 扣件式钢管脚手架的特点

(1)承载力大。当脚手架的几何尺寸在常见范围、构造符合要求时，落地式脚手架立杆承载力在 15～20 kN(设计值)之间，满堂架立杆承载力可达 30 kN(设计值)。

(2)装、拆方便，搭设灵活，使用广泛。由于钢管长度易于调整，扣件连接简便，因而可适应各种平面和立面的建筑物、构筑物施工需要。

(3)比较经济。与其他脚手架相比，杆件加工简单，一次投资费用较低，如果精心设计脚手架几何尺寸，注意提高钢管周转使用率，则材料用量可取得较好经济效果。

(4)脚手架中的扣件用量较大，如果管理不善，扣件易损坏、丢失，应对扣件式脚手架的构配件使用、存放和维护加强科学化管理。

2. 扣件式钢管脚手架的适用范围

(1)工业与民用建筑施工用落地式单、双排脚手架，以及底撑式分段悬挑脚手架。

(2)水平混凝土结构工程施工中的模板支承架。

(3)上料平台、满堂脚手架。

(4)高耸构筑物，如烟囱、水塔等施工用脚手架。

(5)栈桥、码头、高架路、桥等工程用脚手架。

(6)为了确保脚手架的安全可靠，《建筑施工扣件式钢管脚手架安全技术规范》(JGJ 130—2011)规定如下。

单排脚手架不适用于下列情况。

1)墙体厚度不大于 180 mm。

2)建筑物高度超过 24 m。

3)空斗砖墙、加气块墙等轻质墙体。

4)砌筑砂浆强度等级不大于 M1.0 的砖墙。

3. 扣件式钢管脚手架的搭设高度

(1)单管立杆扣件式双排脚手架的搭设高度不宜超过 50 m。根据对国内脚手架的使用调查，立杆采用单根钢管的落地式脚手架一般均在 50 m 以下，当需要搭设高度超过 50 m 时，一般都比较慎重地采用了加强措施，如采用双管立杆、分段卸荷、分段悬挑等。从经济方面考虑，搭设高度超过 50 m 时，钢管、扣件等材料的周转使用率降低，脚手架的地基基础处理费用也会增加，导致脚手架成本上升。从国外情况看，美、日、德等对落地脚手架的搭设高度也限制在 50 m 左右。

(2)分段悬挑脚手架。由于分段悬挑脚手架一般都支承在由建筑物挑出的悬臂梁或三角架上，如果每段悬挑脚手架过高时，将过多增加建筑物的负担，或使挑出结构过于复杂，故分段悬挑脚手架每段高度不宜超过 25 m。高层建筑施工分段搭设的悬挑脚手架如图 1—18 所示，必须有设计计算书，悬挑梁或悬挑架应为型钢或定型桁架，应绘有经设计计算的施工图，设计计算书要经上级审批，悬挑梁应按施工图搭设，安装时必须按设计要求进行。悬挑梁搭设和挑梁的间距是悬挑式脚手架的关键问题之一。当脚手架上荷载较大时，间距小，反之间距则大，设计图纸应明确规定。挑梁架设的结构部位，应能承受较大的水平力和垂直力的作用。若根据施工需要只能设置在结构的薄弱部位时，应加固结构，采取可靠措施，将荷载传递给结构的坚固部位。

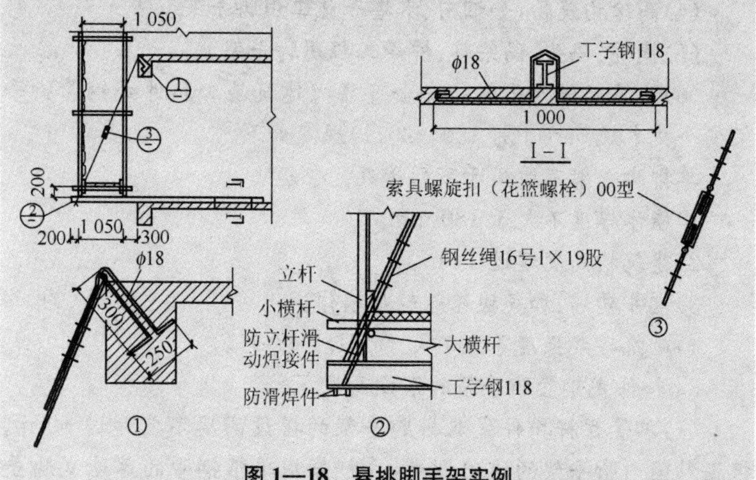


**图 1—18　悬挑脚手架实例**

4. 扣件式钢管脚手架的基本要求

扣件式脚手架是由立杆和纵横向水平杆用扣件连接组成的钢构架，常见的落地式双排脚手架，其横向尺寸(横距)远小于其纵自长度和高度，这一高度与宽度很大、厚度很小的构架扣不在横向(垂直于墙面方向)设置连墙件，它是不可能可靠地传递其自重、施工荷载和水平荷载的，对这一连墙的钢构架其结构件系可归属于在竖向、水平向具有多点支承的“空间框架”或“格构式平板”。为使扣件式脚手架在使用期间满足安全可靠和使用要求，即脚手架既要有足够承载能力，又要具有良好的刚度(使用期间，脚手架的整体或局部不产生影响正常施工的变形或晃动)，故其组成应满足以下要求。

(1)必须设置纵、横向水平杆和立杆，三杆交汇处用直角扣件相互连接，并应尽量紧靠，此三杆紧靠的扣接点称为扣件式脚手架的主节点。

(2)扣件螺栓拧紧扭力矩应在 40～65 N·m之间，以保证脚手架的节点具有必要的刚性和承受荷载的能力。

(3)在脚手架和建筑物之间，必须按设计计算要求设置足够数量、分布均匀的连墙件，此连墙件应能起到约束脚手架在横向(垂直于建筑物墙面方向)产生变形的支承点，以防止脚手架横向失稳或倾覆，并可靠地传递风荷载。

(4)脚手架立杆基础必须坚实，并具有足够承载能力，以防止不均匀或过大的沉降。

(5)应设置纵向剪刀撑和横向斜撑，以使脚手架具有足够的纵向和横向整体刚度。

# 第二章　落地碗口式钢管脚手架的基本构造与搭设方法

## 第一节　落地碗口式钢管脚手架的构造

**【技能要点 1】双排脚手架**

(1)双排脚手架应按构造要求搭设;当连墙件按二步三跨设置,二层装修作业层、二层脚手板、外挂密目安全网封闭,且符合下列基本风压值时,其允许搭设高度宜符合表 2—1 的规定。

(2)当曲线布置的双排脚手架组架时,应按曲率要求使用不同长度的内外横杆组架,曲率半径应大于 2.4 m 。

**表 2—1　双排落地脚手架允许搭设高度**

| 步距(m) | 横距(m) | 纵距(m) | 允许搭设高度(m) | | |
|---|---|---|---|---|---|
| | | | 基本风压值 $\omega_0$(kN · m$^{-2}$) | | |
| | | | 0.4 | 0.5 | 0.6 |
| 1.8 | 0.9 | 1.2 | 68 | 62 | 52 |
| | | 1.5 | 51 | 43 | 36 |
| | 1.2 | 1.2 | 59 | 53 | 46 |
| | | 1.5 | 41 | 31 | 26 |

注:本表计算风压高度变化系数,系按地面粗糙度为 c 类采用。当具体工程的基本风压值和地面粗糙度与此表不相符时,应另行计算。

(3)当双排脚手架拐角为直角时,宜采用横杆直接组架,如图 2—1(a)所示;当双排脚手架拐角为非直角时,可采用钢管扣件组架,如图 2—1(b)所示。

(4)双排脚手架首层立杆应采用不同的长度交错布置,底层纵、横向横杆作为扫地杆距地面高度应不大于 350 mm,严禁施工中拆除扫地杆。立杆应配置可调底座或固定底座如图 2—2 所示。

(5)双排脚手架专用外斜杆设置,如图 2—3 所示应符合下列

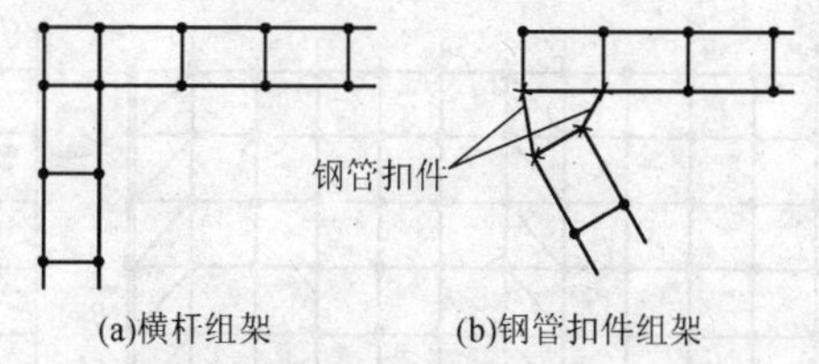


图2—1　拐角组架

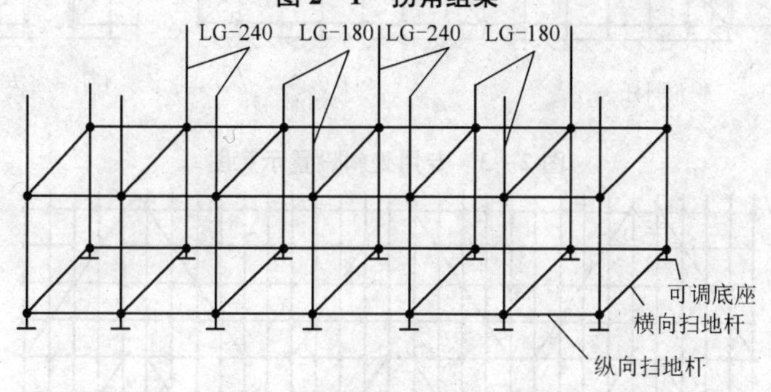


图2—2　首层立杆布置示意图

规定。

1)斜杆应设置在有纵、横向横杆的碗扣节点上。

2)在封圈的脚手架拐角处及一字形脚手架端部应设置竖向通高斜杆。

3)当脚手架高度不大于24 m时，每隔5跨应设置一组竖向通高斜杆；当脚手架高度大于24 m时，每隔3跨应设置一组竖向通高斜杆；斜杆应对称设置。

4)当斜杆临时拆除时。拆除前应在相邻立杆间设置相同数量的斜杆。

(6)当采用钢管扣件作斜杆时应符合下列规定。

1)斜杆应每步与立杆扣接。扣接点距碗扣节点的距离不应大于150 mm；当出现不能与立杆扣接时，应与横杆扣接。扣件扭紧力矩应为4 065 N·m。

2)纵向斜杆应在全高方向设置成八字形且内外对称，斜杆间距不应大于两跨，如图2—4所示。

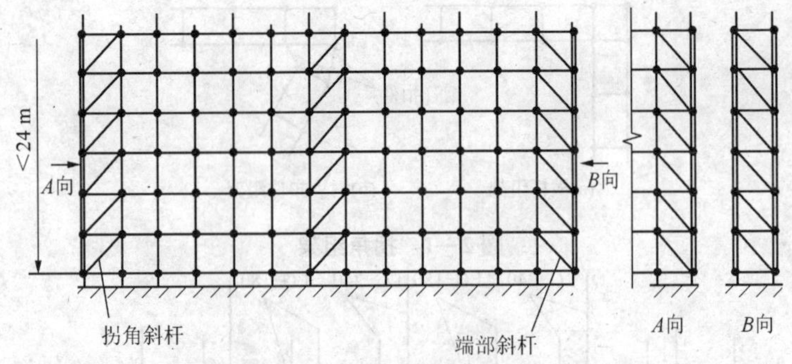


图 2—3　专用处斜设置示意图

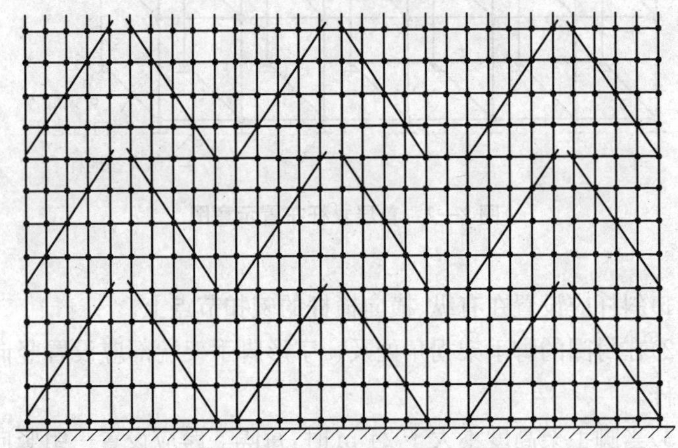

图 2—4　钢管扣件作斜杆设置

(7)连墙件的设置应符合下列规定。

1)连墙件应呈水平设置。当不能呈水平设置时，与脚手架连接的一端应下斜连接。

2)每层连墙件应在同一平面，其位置应由建筑结构和风荷载计算确定，且水平间距不应大于 4.5 m 。

3)连墙件应设置在有横向横杆的碗扣节点处。当采用钢管扣件做连墙件时，连墙件应与立杆连接，连接点距碗扣节点距离不应大于 150 mm。

4)连墙件应采用可承受拉、压荷载的刚性结构，连接应牢固可靠。

(8)当脚手架高度大于 24 m 时,顶部 24 m 以下所有的连墙件层必须设置水平斜杆,水平斜杆应设置在纵向横杆之下,如图2—5所示。

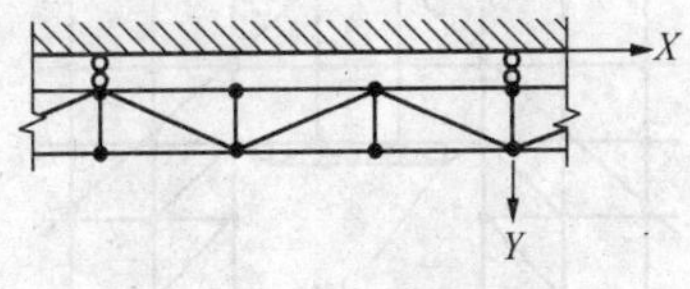


图 2—5　水平斜杆设置示意图

(9)脚手板设置应符合下列规定。

1)工具式钢脚手板必须有挂钩,并带有自锁装置与廊道横杆锁紧。严禁浮放。

2)冲压钢脚手板、木脚手板、竹串片脚手板,两端应与横杆绑牢,作业层相邻两根廊道横杆间应加设间横杆。脚手板探头长度应不大于 150 mm。

(10)人行通道坡度不宜大于 1∶3,并应在通道脚手板下增设横杆,通道可折线上升,如图 2—6 所示。

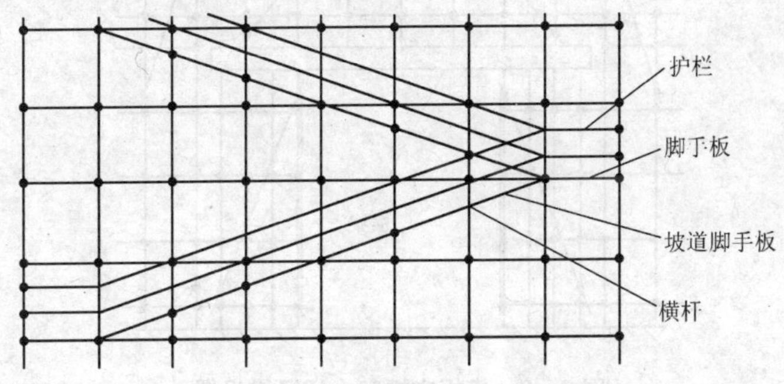


图 2—6　人行通道设置

(11)脚手架内立杆与建筑物距离应不大于 150 mm;当脚手架内立杆与建筑物距离大于 150 mm 时,应按需要分别选用窄挑梁或宽挑梁设置作业平台。挑梁应单层挑出,严禁增加层数。

【技能要点 2】门洞设置要求

(1)当双排脚手架设置门洞时，应在门洞上部架设专用梁，门洞两侧立杆应加设斜杆，如图 2—7 所示。

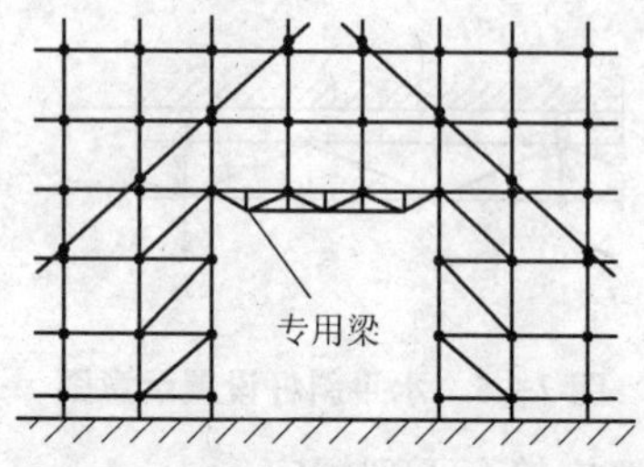


图 2—7　双排外脚手架门洞设置

(2)模板支撑架设置人行通道时，如图 2—8 所示，应符合下列规定。

1)通道上部应架设专用横梁，横梁结构应经过设计计算确定。

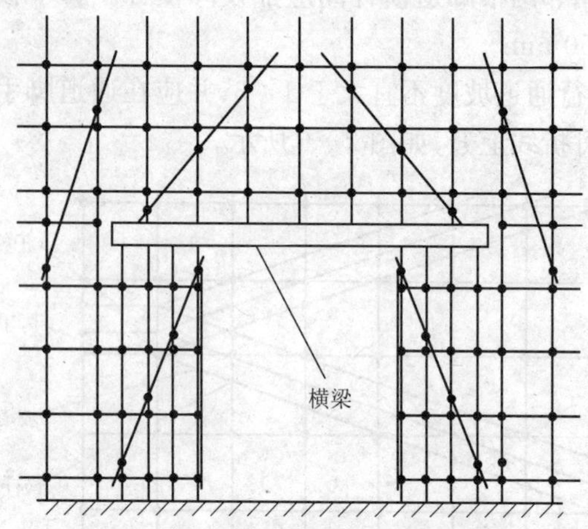


图 2—8　模板支撑架人行通道设置

2)横梁下的立杆应加密，并应与架体连接牢固。

3)通道宽度应不大于 4.8 m。

4)门洞及通道顶部必须采用木板或其他硬质材料全封闭，两侧应设置安全网。

5)通行机动车的洞口,必须设置防撞击设施。

**【技能要点3】落地碗口式钢管脚手架拆除顺序**

拆除顺序与搭设顺序相反,即从钢管脚手架的顶端拆起,后搭的先拆,先搭的后拆。其具体拆除顺序为:安全网→护身栏→挡脚板→脚手板→横向水平杆、纵向水平杆→立杆→连墙杆→剪刀撑→斜撑。

**【技能要点4】落地碗口式钢管脚手架拆除要求**

(1)做好拆架准备工作。设专人负责拆除区域安全,禁止非拆除人员进入拆架区。

(2)拆除作业必须由上而下逐层进行,严禁上下同时作业。连墙件必须随脚手架逐层拆除,严禁先将连墙件整层或数层拆除后再拆除脚手架。

(3)在脚手架上从事拆除操作必须系好安全带。拆除钢管脚手架时至少要5～8人配合操作,3人在脚手架上拆除,2人在下面配合拆除,1人指挥,另外2～3人负责清运钢管。架上3人在拆除脚手架时1人必须听从指挥,并互相配合好,如谁先松扣件,谁后松扣件,怎样往下顺杆等。一般拆除水平杆要先松开两端头的扣件、后松开中间扣件,再水平托举取下;拆除立杆时,应把稳上部,再松开下端连接后取下;拆连墙杆和斜撑时,必须事先计划好应先拆哪个部位、后拆哪个部位,不得乱拆,否则容易发生脚手架倒塌事故。

(4)所有拆下来的杆件和扣件不得随意往下扔,以免损坏杆件和扣件,甚至砸伤人。将杆件和扣件随时清运到指定地点,按规格分类堆放整齐。

## 第二节　落地碗口式钢管脚手架的搭设

**【技能要点1】落地碗口式钢管脚手架搭设顺序**

安放立杆底座或立杆可调底座→树立杆、安放扫地杆→安装底层(第一步)横杆→安装斜杆→接头销紧→铺放脚手板→安装上层立杆→紧立杆连接销、安装横杆→设置连墙件→设置人行梯，设置剪刀撑→挂设安全网。

操作时，一般由 1～2 人递送材料，另外 2 人配合组装。

**【技能要点 2】落地碗口式钢管脚手架搭设要求**

1. 树立杆、安放扫地杆

根据脚手架施工方案处理好地基后，在立杆的设计位置放线，即可安放立杆垫座或可调底座，并树立杆。

为避免立杆接头处于同一水平面上，在平整的地基上脚手架底层的立杆应选用 3.0 m 和 1.8 m 两种不同长度的立杆互相交错、参差布置。以后在同一层中采用相同长度的同一规格的立杆接长。到架子顶部时再分别用 1.8 m 和 3.0 m 两种不同长度的立杆找齐。

在地势不平的地基上或者是高层及重载脚手架应采用立杆可调底座，以便调整立杆的高度。当相邻立杆地基高差小于 60 m 可直接用立杆可调座调整立杆高度，使立杆碗扣接头处于同一水平面内；当相邻立杆地基高差大于 0.6 m 时，则先调整立杆节间（即对于高差超过 0.6 m 的地基，立杆相应增长一个长 0.6 m 的节间），使同一层碗扣接头高差小于 0.6 m，再用立杆可调座调整高度，使其处于同一水平面内，如图 2—9 所示。

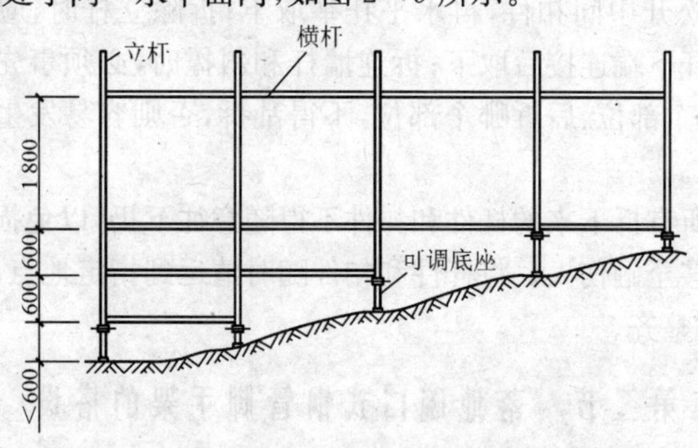


**图 2—9　地基不平时立杆及其底座的设置**

在树立杆时应及时设置扫地杆，将所树立杆连成一整体，以保证立杆的整体稳定性。立杆同横杆的连接是靠碗扣接头锁定，连接时，先将立杆上碗扣滑至限位销以上并旋转，使其搁在限位销上，将横杆接头插入立杆下碗扣，待应装横杆接头全部装好后，落下上碗扣并予以顺时针旋转锁紧。

2. 安装底层(第一步)横杆

碗扣式钢管脚手架的步距为 600 mm 的倍数，一般采用 1.8 m，只有在荷载较大或较小的情况下，才采用 1.2 m 或 2.4 m。

横杆与立杆的连接安装方法同上。

单排碗扣式脚手架的单排横杆一端焊有横杆接头，可用碗扣接头与脚手架连接固定，另一端带有活动夹板，将横杆与建筑结构整体夹紧。其构造如图 2—10 所示。

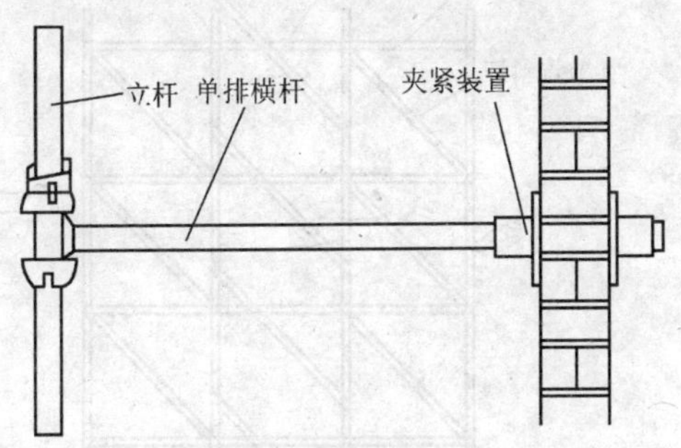


**图 2—10　单排横杆设置构造**

碗扣式钢管脚手架的底层组架最为关键，其组装质量直接影响到整架的质量，因此，要严格控制搭设质量。当组装完两层横杆(即安装完第一步横杆)后，应进行下列检查。

(1)检查并调整水平框架(同一水平面上的四根横杆)的直角度和纵向直线度(对曲线布置的脚手架应保证立杆的正确位置)。

(2)检查横杆的水平度，并通过调整立杆可调座使横杆间的水平偏差小于 $1/400L$。

(3)逐个检查立杆底脚，并确保所有立杆不能有浮地松动现象。

(4)当底层架子符合搭设要求后，检查所有碗扣接头，并予以锁紧。在搭设过程中，应随时注意检查上述内容，并调整。

3. 安装斜杆和剪刀撑

斜杆可增强脚手架结构的整体刚度，提高其稳定承载能力。一般采用与碗扣式钢管脚手架配套的系列斜杆，也可以用钢管和扣件代替。

当采用碗扣式系列斜杆时，斜杆同立杆连接的节点可装成节点斜杆（即斜杆接头同横杆接头装在同一碗扣接头内）或非节点斜杆（即斜杆接头同横杆接头不装在同一碗扣接头内）。一般斜杆应尽可能设置在框架结点上。若斜杆不能设置在节点上时，应呈错节布置，装成非节点斜杆，如图 2—11 所示。

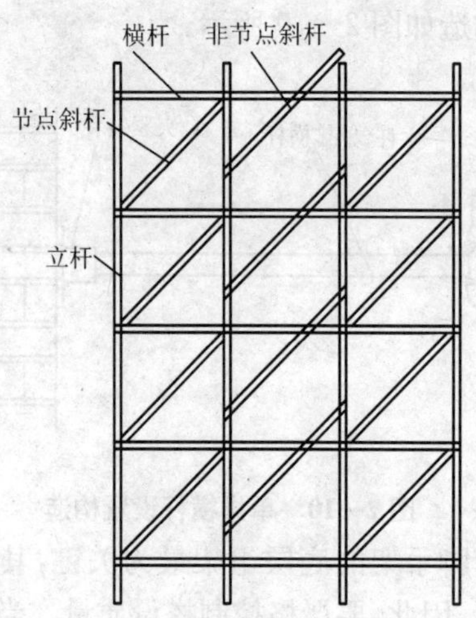


**图 2—11　斜杆布置构造图**

利用钢管和扣件安装斜杆时，斜杆的设置更加灵活，可不受碗扣接头内允许装设杆件数量的限制。特别是设置大剪刀撑，包括安装竖向剪刀撑、纵向水平剪刀撑时，还能使脚手架的受力性能得到改善。

（1）横向斜杆（廓道斜杆）。

在脚手架横向框架内设置的斜杆称为横向斜杆（廓道斜杆）。由于横向框架失稳是脚手架的主要破坏形式，因此，设置横向斜杆对于提高脚手架的稳定强度尤为重要。

对于一字形及开口形脚手架，应在两端横向框架内沿全高连续设置节点斜杆；高度 30 m 以下的脚手架，中间可不设横向斜杆；30 m 以上的脚手架，中间应每隔 5～6 跨设一道沿全高连续设置的横向斜杆；高层建筑脚手架和重载脚手架，除按上述构造要求设置横向斜杆外，荷载不小于 25 kN 的横向平面框架应增设横向斜杆。

用碗扣式斜杆设置横向斜杆时，在脚手架的两端框架可设置节点斜杆，如图 2—12 (a)所示；中间框架只能设置成非节点斜杆，如图 2—12(b)所示。

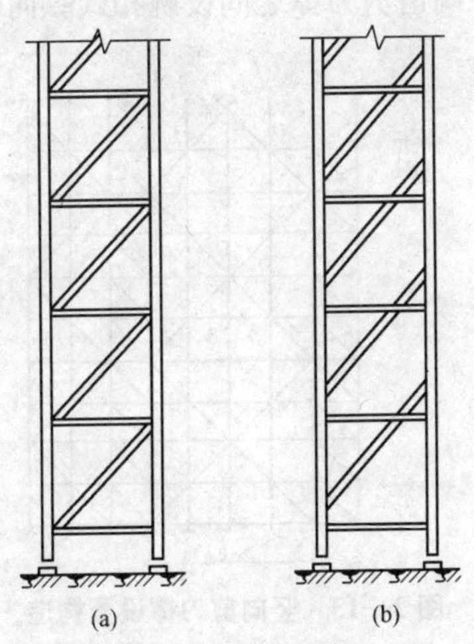


**图 2—12　横向斜杆的设置**

当设置高层卸荷拉结杆时，必须在拉结点以上第一层加设横向水平斜杆，以防止水平框架变形。

(2)纵向斜杆。

在脚手架的拐角边缘及端部，必须设置纵向斜杆，中间部分则可均匀地间隔分布，纵向斜杆必须两侧对称布置。

脚手架中设置纵向斜杆的面积与整个架子面积的比值要求见表 2—2。

表 2—2 纵向斜杆布置数量

| 架高 | <30 m | 30～50 m | >50 m |
|---|---|---|---|
| 设置要求 | >1/4 | >1/3 | >1/2 |

(3)竖向剪刀撑

竖向剪刀撑的设置应与纵向斜杆的设置相配合。高度在30 m以下的脚手架,可每隔 4～6 跨设一道沿全高连续设置的剪刀撑,每道剪刀撑跨越 5～7 根立杆,设剪刀撑的跨内可不再设碗扣式斜杆。30 m 以上的高层建筑脚手架,应沿脚手架外侧及全高方向连续布置剪刀撑,在两道剪刀撑之间设碗扣式纵向斜杆,其设置构造如图 2—13 所示。

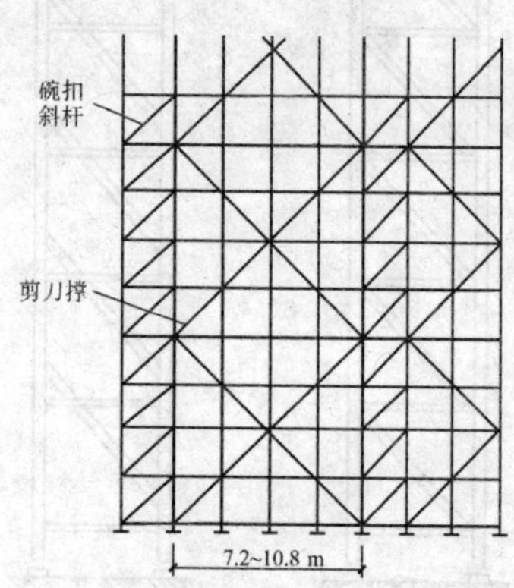


图 2—13 竖向剪刀撑设置构造

(4)纵向水平剪刀撑。纵向水平剪刀撑可增强水平框架的整体性和均匀传递连墙撑的作用。30 m 以上的高层建筑脚手架应每隔 5～13 步架设置一层连续、闭合的纵向水平剪刀撑,如图2—14所示。

4. 设置连墙件(连墙撑)

连墙撑是脚手架与建筑物之间的连接件,除防止脚手架倾倒、承受偏心荷载和水平荷载作用外,还可加强稳定约束、提高脚手架的稳定承载能力。

(1)连墙件构造。连墙件的构造有 3 种。

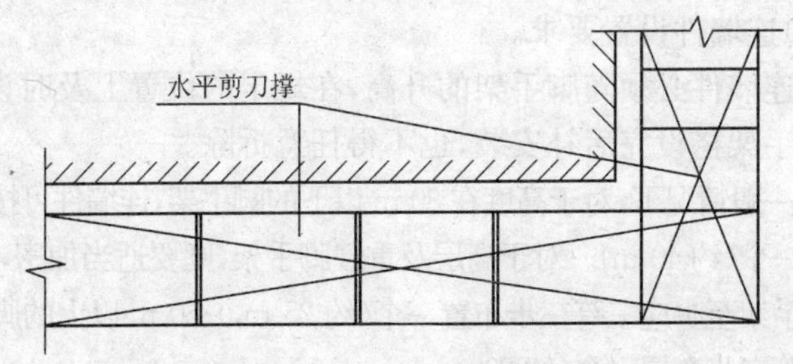


图 2—14　纵向水平剪刀撑布置

1)砖墙缝固定法。

砌筑砖墙时,预先在砖缝内埋入螺栓,然后将脚手架框架用连接杆与其相连,如图 2—15(a)所示。

2)混凝土墙体固定法。

按脚手架施工方案的要求,预先埋入钢件,外带接头螺栓,脚手架搭到此高度时,将脚手架框架与接头螺栓固定,如图 2—15(b)所示。

3)膨胀螺栓固定法。

在结构物上,按设计位置用射枪射入膨胀螺栓,然后将框架与膨胀螺栓固定,如图 2—15(c)所示。

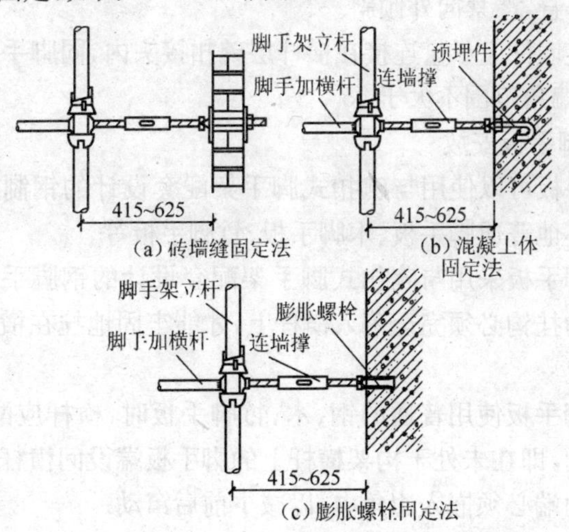


图 2—15　连墙件构造

(2)连墙件设置要求。

1)连墙件必须随脚手架的升高,在规定的位置上及时设置,不得在脚手架搭设完后补安装,也不得任意拆除。

2)一般情况下,对于高度在30 m以下的脚手架,连墙件可按四跨三步设置一个(约40 m)。对于高层及重载脚手架,则要适当加密,50 m以下的脚手架至少应三跨三步布置一个(约25 m,);50 m以上的脚手架至少应三跨二步布置一个(约20 m)。

3)单排脚手架要求在二跨三步范围内设置一个。

4)在建筑物的每一楼层都必须设置连墙件。

5)连墙件的布置尽量采用梅花形布置,相邻两点的垂直间距不大于4.0 m,水平距离不大于4.5 m。

6)凡设置宽挑梁、提升滑轮、高层卸荷拉结杆及物料提升架的地方均应增设连墙件。

7)凡在脚手架设置安全网支架的框架层处,必须在该层的上、下节点各设置一个连墙件,水平每隔两跨设置一个连墙件。

8)连墙件安装时要注意调整脚手架与墙体间的距离,使脚手架保持垂直,严禁向外倾斜。

9)连墙件应尽量连接在横杆层碗扣接头内,同脚手架、墙体保持垂直,偏角范围不大于15°。

5. 脚手板安放

脚手板可以使用与碗扣式脚手架配套设计的钢制脚手板,也可使用其他普通脚手板、木脚手板、竹脚手板等。

当脚手板采用与碗扣式脚手架配套设计的钢脚手板时,脚手板两端的挂钩必须完全落入横杆上,才能牢固地挂在横杆上,不允许浮动。

当脚手板使用普通的钢、木、竹脚手板时,横杆应配合间横杆一块使用,即在未处于构架横杆上的脚手板端设间横杆作支撑,脚手板的两端必须嵌入边角内,以减少前后窜动。

除在作业层及其下面一层要满铺脚手板外,还必须沿高度每10 m设置一层,以防止高空坠物伤人和砸碰脚手架框架。当架设梯子时，在每一层架梯拐角处铺设脚手板作为休息平台。

6. 接立杆

立杆的接长是靠焊于立杆顶部的连接管承插而成。立杆插好后，使上部立杆底端连接孔同下部立杆顶部连接孔对齐，插入立杆连接销锁定即可。安装横杆、斜杆和剪刀撑，重复以上操作，并随时检查、调整脚手架的垂直度。

脚手架的垂直度一般通过调整底部的可调底座、垫薄钢片、调整连墙件的长度等来达到。

7. 斜道板和人行架梯安装

(1)斜道板安装。

作为行人或小车推行的栈道，一般规定在 1 m 跨距的脚手架上使用，坡度为 1∶3，在斜道板框架两侧设置横杆和斜杆作为扶手和护栏，而在斜脚手板的挂钩点(图 2—16 中 $A,B,C$ 处)必须增设横杆。其布置如图 2—16 所示。

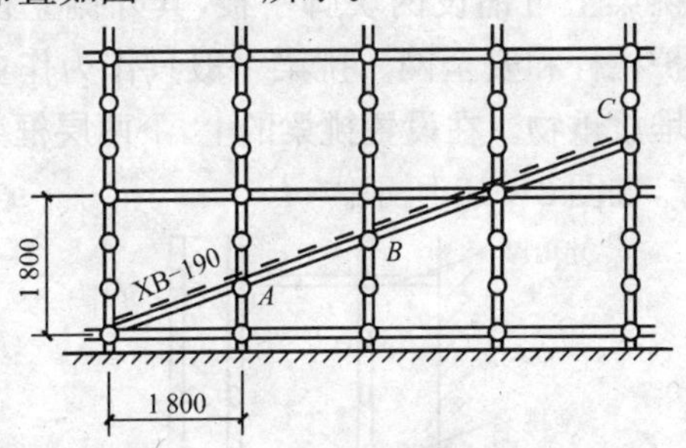


**图 2—16　斜道板安装**

(2)人行架梯安装。

人行架梯设在 1.8 m×1.8 m 的框架内，上面有挂钩，可以直接挂在横杆上。架梯宽为 540 mm，一般在 1.2 m 宽的脚手架内布置两个成折线形架设上升，在脚手架靠梯子一侧安装斜杆和横杆作为扶手。人行架梯转角处的水平框架上应铺脚手板作为平台，立面框架上安装横杆作为扶手，如图 2—17 所示。

8. 挑梁和简易爬梯的设置

当遇到某些建筑物有倾斜或凹进凸出时，窄挑梁上可铺设一

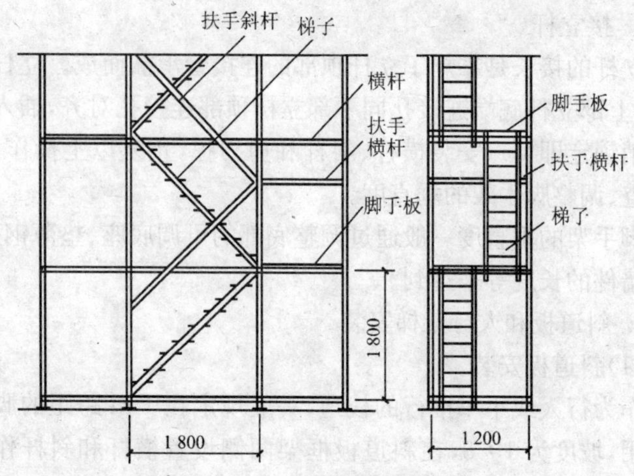


图 2—17　架梯设置

块脚手板；宽挑梁上可铺设两块脚手板，其外侧立柱可用立杆接长，以便装防护栏杆和安全网。挑梁一般只作为作业人员的工作平台，不允许堆放重物。在设置挑梁的上、下两层框架的横杆层上要加设连墙撑，如图 2—18 所示。

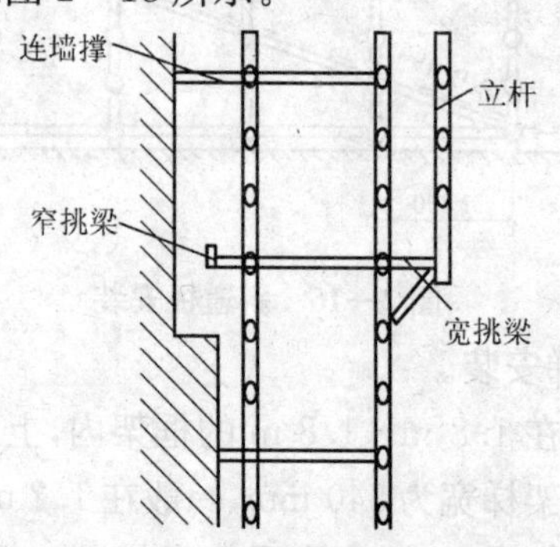


图 2—18　挑梁设置构造

把窄挑梁连续设置在同一立杆内侧每个碗扣接头内，可组成简易爬梯，爬梯步距为 0.6 m，设置时在立杆左右两跨内要增设防护栏杆和安全网等安全防护设施，以确保人员上下安全。

9. 提升滑轮设置

随着建筑物的逐渐升高,不方便运料时可采用物料提升滑轮来提升小物料及脚手架物件,其提升重量应不超过 100 kg。提升滑轮要与宽挑梁配套使用。使用时,将滑轮插入宽挑梁垂直杆下端的固定孔中,并用销钉锁定即可。其构造如图 2—19 所示。在设置提升滑轮的相应层加设连墙撑。

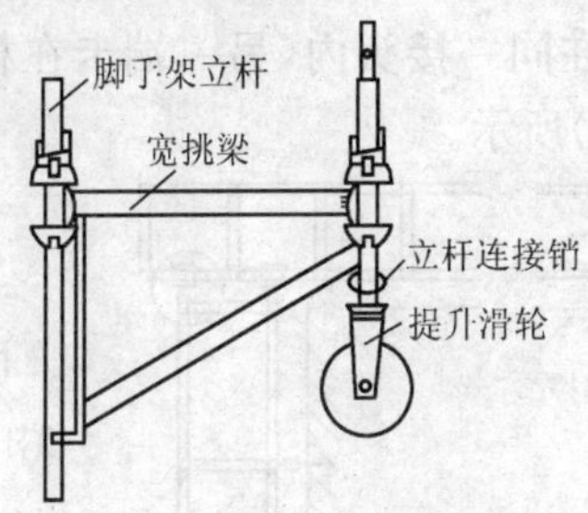


**图 2—19 提升滑轮布置构造**

10. 安全网、扶手防护设置

一般沿脚手架外侧要满挂封闭式安全网(立网),并应与脚手架立杆、横杆绑扎牢固,绑扎间距应不大于 0.3 m。根据规定在脚手架底部和层间设置水平安全网。碗扣式脚手架配备有安全网支架,可直接用碗扣接头固定在脚手架上,安装极方便。其结构布置如图 2—20 所示。扶手设置参考扣件式脚手架。

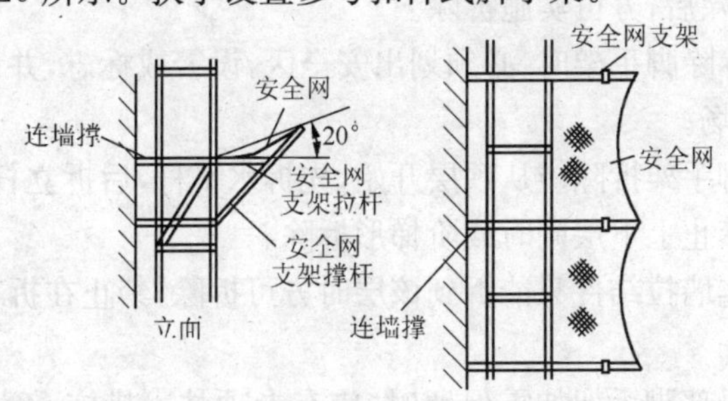


**图 2—20 挑出安全网布置**

11. 直角交叉

一般方形建筑物的外脚手架在拐角处两直角交叉的排架要连

在一起，以增强脚手架的整体稳定性。

连接形式有两种，一种是直接拼接法，即当两排脚手架刚好整框垂直相交时，可直接将两垂直方向的横杆连接在同一碗扣接头内，从而将两排脚手架连在一起，构造如图 2—21(a)所示；另一种是直角撑搭接法，当受建筑物尺寸限制，两垂直方向脚手架非整框垂直相交时，可用直角撑实现任意部位的直角交叉。连接时将一端同脚手架横杆装在同一接头内，另一端卡在相垂直的脚手架横杆上，如图 2—21(b)所示。

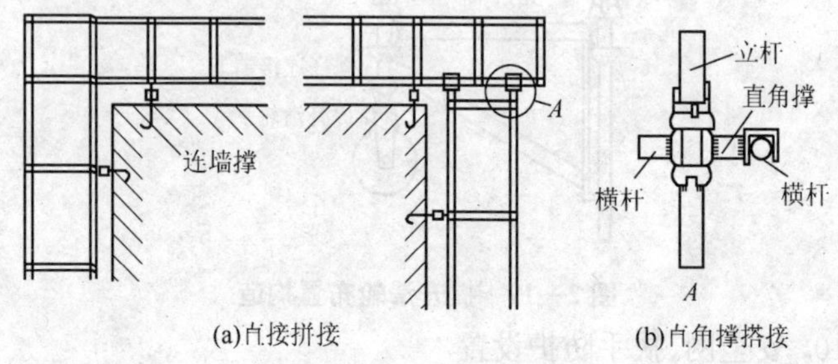

(a)直接拼接　　(b)直角撑搭接

**图 2—21　直角交叉构造**

**【技能要点 3】落地碗口式钢管脚手架拆除要求**

(1)脚手架拆除前，应由单位工程负责人对脚手架做全面检查，制定拆除方案，并向拆除人员技术交底，清除所有多余物体，确认可以拆除后，方可实施拆除。

(2)拆除脚手架时，必须划出安全区，设警戒标志，并设专人看管拆除现场。

(3)脚手架拆除应从顶层开始，先拆水平杆，后拆立杆，逐层往下拆除，禁止上下层同时或阶梯形拆除。

(4)连墙拉结件只能拆到该层时方可拆除，禁止在拆架前先拆连墙杆。

(5)局部脚手架如需保留时，应有专项技术措施，经上一级技术负责人批准，安全部门及使用单位验收，办理签字手续后方可使用。

(6)拆除后的部件均应成捆，用吊具送下或人工搬下，禁止从高空往下抛掷。拆除到地面的构配件应及时清理、维护，并分类堆放，以便运输和保管。

落地碗口式钢管脚手架的性能特点

1. 多功能

能根据具体施工要求，组成不同组架尺寸，形状和承载能力的单、双排脚手架、支撑架、支撑柱、物料提升架、爬升脚手架、悬挑架等多种功能的放陈装备，也可用于搭设施工棚、料棚、灯塔等构筑物。特别适合于搭设曲面脚手架和重载支撑架。

2. 高功效

该脚手架常用杆件中最长为 3 130 mm，重 17.07 kg。整架拼拆速度比常规快 3～5 倍，拼拆快速省力，工人用一把铁锤即可完成全部作业，避免了螺栓操作带来的诸多不便。

3. 通用性强

主构件均采用普通的扣件式钢管脚手架的钢管。可用扣件同普通钢管连接，通用性强。

4. 承载力大

立杆连接是同轴心承插，横杆同立杆靠碗扣接头连接。接头具有可靠的抗弯、抗剪、抗扭力学性能，而且各杆件轴心线交于一点，节点在框架平面内，因此，结构稳固可靠、承载力大。

5. 安全可靠

接头设计时，考虑到上碗扣螺旋摩擦力和自重力作用，使接头具有可靠的自锁能力。作用于横杆上的荷载通过下碗扣传递给立杆，下碗扣具有很强的抗剪能力（最大为 199 kN），上碗扣即使没被压紧，横杆接头也不致脱出而造成事故。同时配备有安全网支架、间横杆、脚手板、挡脚板、架梯、挑梁、连墙撑等杆配件，使用安全可靠。

6. 易于加工

主构件用 ϕ48×3.5、Q235 焊接钢管，制造工艺简单，成本适中，可直接对现有扣件式脚手架进行加工改造，不需要复杂的加工设备。

7. 不易丢失

该脚手架无零散易丢失扣件,把构件丢失减少到最低程度。

8. 维修少

该脚手架构件消除了螺栓连接,构件经碰耐磕的缺陷,一般锈蚀不影响拼拆作业,不需特殊养护、维修。

9. 便于管理

构件系列标准化,构件外表涂以橘黄色,美观大方,构件堆放整齐,便于现场材料管理,满足文明施工要求。

10. 易于运输

该脚手架最长构件 3 130 mm,最重构件 40.53 kg,便于搬运和运输。

# 第三章　落地门式钢管外脚手架的基本构造与搭设方法

## 第一节　落地门式钢管外脚手架的构造

**【技能要点1】门架的构造**

(1)门架跨距应符合现行行业标准《门式钢管脚手架》(JG 13—1999)的规定,并与交叉支撑规格配合。

(2)门架立杆离墙面净距不宜大于150 mm,应采取内挑架板或其他离口防护的安全措施。

**【技能要点2】配件的构造**

(1)门架的内外两侧均应设置交叉支撑并应与门架立杆上的锁销锁牢。

(2)上、下榀门架的组装必须设置连接棒及锁臂,连接棒直径应小于立杆内径的1～2 mm。

(3)在脚手架的操作层上应连续满铺与门架配套的挂扣式脚手板,并扣紧挡板,防止脚手板脱落和松动。

(4)水平架设置应符合下列规定。

1)在脚手架的顶层门架上部、连墙件设置层、防护棚设置处必须设置。

2)当脚手架搭设高度 $H\leqslant45$ m时,沿脚手架高度,水平架应至少两步一设;当脚手架搭设高度 $H>45$ m时,水平架应每步一设;不论脚手架多高,均应在脚手架的转角处、端部及间断处的一个跨距范围内每步一设。

3)水平架在其设置层面内应连续设置。

4)当因施工需要,临时局部拆除脚手架内侧交叉支撑时,应在拆除交叉支撑的门架上方及下方设置水平架。

5)水平架可由挂扣式脚手板或门架两侧设置的水平加固杆代替。

(5)底步门架的立杆下端应设置固定底座或可调底座。

**【技能要点 3】加固件的构造**

1. 剪刀撑设置

(1)脚手架高度超过 20 m 时,应在脚手架外侧连续设置。

(2)剪刀撑斜杆与地面的倾角宜为 45°～60°,剪刀撑宽度宜为 4～8 m。

(3)剪刀撑应采用扣件与门架立杆扣紧。

(4)剪刀撑斜杆若采用搭接接长,搭接长度不宜小于 600 mm,搭接处应采用两个扣件扣紧。

2. 水平加固杆设置

(1)当脚手架高度超过 20 m 时,应在脚手架外侧每隔 4 步设置一道,并宜在有连墙件的水平层设置。

(2)设置纵向水平加固杆应连续,并形成水平闭合圈。

(3)在脚手架的底步门架下端应加封口杆,门架的内、外两侧应设通长扫地杆。

(4)水平加固杆应采用扣件与门架立杆扣牢。

**【技能要点 4】转角处门架连接的构造**

(1)在建筑物转角处的脚手架内、外两侧应按步设置水平连接杆,将转角处的两门架连成一体,如图 3—1 所示。

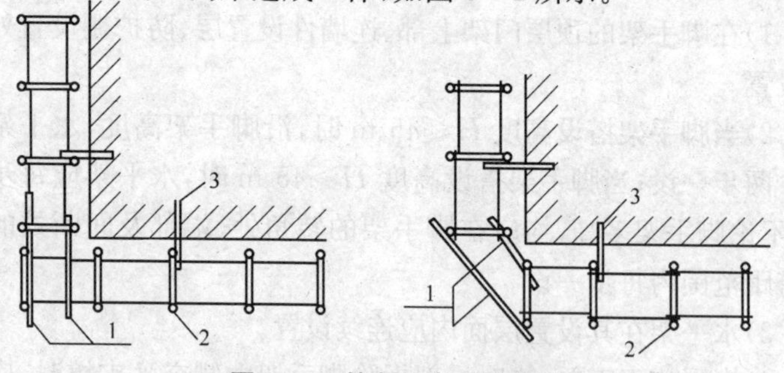


**图 3—1 转角处脚手架连接**

1—连接钢管;2—门架;3—连墙件

(2)水平连接杆应采用钢管,其规格应与水平加固杆相同。

(3)水平连接杆应采用扣件与门架立杆及水平加固杆扣紧。

**【技能要点5】连墙件的构造**

(1)脚手架必须采用连墙件与建筑物做到可靠连接。连墙件的设置除应满足强度、稳定性等计算要求外,尚应满足表3—1的要求。

**表3—1 连墙件间距**

| 脚手架搭设高度(m) | 基本风压 $\omega_0$(kN·m$^{-2}$) | 连墙件的间距(m) | |
|---|---|---|---|
| | | 竖向 | 水平向 |
| ≤45 | ≤0.55 | ≤6.0 | ≤8.0 |
| | >0.55 | ≤4.0 | ≤6.0 |
| >45 | — | | |

(2)在脚手架的转角处、不闭合(一字形、槽形)脚手架的两端应增设连墙件,其竖向间距不应大于4.0 m。

(3)在脚手架外侧因设置防护棚或安全网而承受偏心荷载的部位,应增设连墙件,其水平间距不应大于4.0 m。

(4)连墙件应能承受拉力与压力,其承载力标准值不应小于10 kN;连墙件与门架、建筑物的连接也应具有相应的连接强度。

**【技能要点6】通道洞口的构造**

(1)通道洞口高不宜大于两个门架高度,宽不宜大于一个门架跨距。

(2)通道洞口应按以下要求采取加固措施:当洞口宽度为一个跨距时,应在脚手架洞口上方的内外侧设置水平加固杆,在洞口两个上角加斜撑杆如图3—2所示;当洞口宽为两个及两个以上跨距时,应在洞口上方设置经专门设计和制作的托架,并加强洞口两侧的门架立杆。

**【技能要点7】斜梯的构造**

(1)作业人员上下脚手架的斜梯应采用挂扣式钢梯,并宜采用

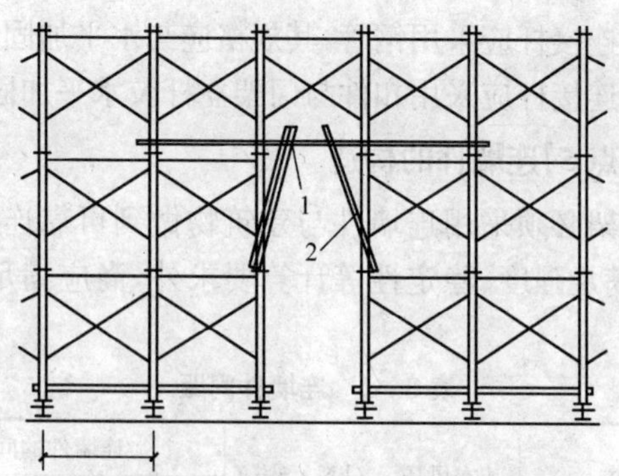


**图 3—2　通道洞口加固示意**

1—水平加固杆；2—斜撑杆

"之"字形式，一个梯段宜跨越两步或三步。

(2)钢梯规格应与门架规格配套，并应与门架挂扣牢固。

(3)钢梯应设栏杆扶手。

## 【技能要点 8】地基与基础的构造

(1)搭设脚手架的场地必须平整坚实，并作好排水，回填土地面必须分层回填，逐层夯实。

(2)落地式脚手架的基础根据土质及搭设高度可按表 3—2 的要求处理，当土质与表 3—2 不符合时，应按现行国家标准《建筑地基基础设计规范》(GB 50007—2011)的有关规定经计算确定。

**表 3—2　地基基础要求**

| 搭设高度(m) | 地基土质 | | |
|---|---|---|---|
| | 中低压缩性且压缩性均匀 | 回填土 | 高压缩性或压缩性不均匀 |
| ≤25 | 夯实原土，干重力密度要求 15.5 kN/m³，立杆底座置于面积不小于 0.075 m²的混凝土垫块或垫木上 | 土夹石或灰土回填夯实，立杆底座置于面积不小于 0.10 m²混凝土垫块或垫木上 | 夯实原土，铺设宽度不小于 200 mm 的通长槽钢或垫木 |

续上表

| 搭设高度/m | 地基土质 | | |
|---|---|---|---|
| | 中低压缩性且压缩性均匀 | 回填土 | 高压缩性或压缩性不均匀 |
| 26～35 | 混凝土垫块或垫木面积不小于0.1 m²,其余同上 | 砂夹石回填夯实,其余同上 | 夯实原土,铺厚不小于200 mm砂垫层,其余同上 |
| 36～60 | 混凝土垫块或垫木面积不小于0.15 m²或铺通长槽钢或垫木,其余同上 | 砂夹石回填夯实,混凝土垫块或垫木面积不小于0.15 m²或铺通长槽钢或木板 | 夯实原土,铺150 mm厚道渣夯实,再铺通长槽钢或垫木。其余同上 |

注:表中混凝土垫块厚度不小于200 mm;垫木厚度不小于50 mm,宽度不小于200 mm。

(3)当脚手架搭设在结构的楼面、挑台上时,立杆底座下应铺设垫板或混凝土垫块,并应对楼面或挑台等结构进行承载力验算。

## 第二节　落地门式钢管外脚手架的搭设

### 【技能要点1】落地门式钢管外脚手架搭设原则

门式钢管脚手架的搭设应自一端延伸向另一端,由下而上按步架设,并逐层改变搭设方向,以减少架设误差。不得自两端同时向中间进行或相同搭设,以避免接合部位错位,难于连接。脚手架的搭设速度应与建筑结构施工进度相配合,一次搭设高度不应超过最上层连墙杆三步,或自由高度不大于6 m,以保证脚手架的稳定。

### 【技能要点2】落地门式钢管外脚手架搭设形式

门式钢管脚手架搭设形式通常有两种:一种是每三列门架用两道剪刀撑相连,其间每隔3～4榀门架高设一道水平撑;另一种是每隔一列门架用一道剪刀撑和水平撑相连。

**【技能要点3】落地门式钢管外脚手架搭设顺序**

铺设垫木(板)→拉线、安放底座→自一端起立门架并随即装交叉支撑(底步架还需安装扫地杆、封口杆)→安装水平架(或脚手板)、安装钢梯→(需要时,安装水平加固杆)装设连墙杆→重复上述步骤逐层向上安装→按规定位置安剪刀撑→安装顶部栏杆,挂立杆安全网。

**【技能要点4】落地门式钢管外脚手架搭设要求**

1. 铺设垫木(板)、安放底座

脚手架的基底必须平整坚实,并铺底座、作好排水,确保地基有足够的承载能力,在脚手架荷载作用下不发生塌陷和显著的不均匀沉降。回填土地面必须分层回填,逐层夯实。

门架立杆下垫木的铺设方式有以下两种。

当垫木长度为1.6～2.0 m时,垫木宜垂直于墙面方向横铺。

当垫木长度为4.0 m时,垫木宜平行于墙面方向顺铺。

2. 立门架、安装交叉支撑、安装水平架或脚手板

在脚手架的一端将第一榀和第二榀门架立在4个底座上后,纵向立即用交叉支撑连接两副门架的立杆,门架的内外两侧安装交叉支撑,在顶部水平面上安装水平架或挂扣式脚手板,搭成门式钢管脚手架的一个基本结构。以后每安装一榀门架,及时安装交叉支撑、水平架或脚手板,依次按此步骤沿纵向逐榀安装搭设。在搭设第二层门架时,人就可以站在第一层脚手板上操作,直至最后完成。

搭设要求。

(1)门架。

不同规格的门架不得混用;同一脚手架工程,不配套的门架与配件也不得混合使用。门架立杆离墙面的净距不宜大于150 mm,大于150 mm时,应采取内挑架板或其他防护的安全措施。不用三角架时,门架的里立杆边缘距墙面约50～60 mm,如图3—3(a)所示;用三角架

时，门架里立杆距墙面550～600 mm，如图3—3(b)所示。底步门架的立杆下端应设置固定底座或可调底座。

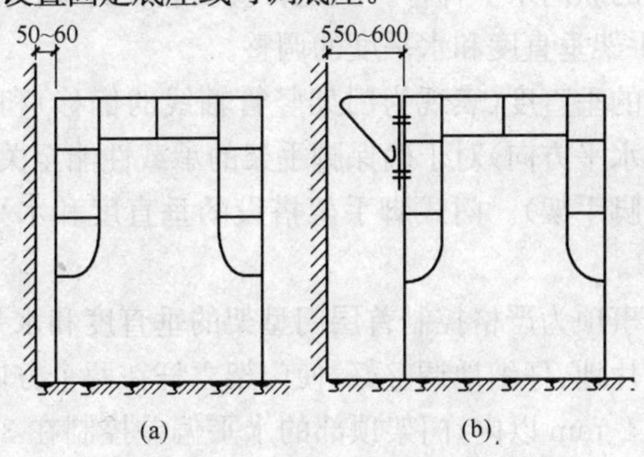


**图3—3　门架里立杆的离墙距离**

(2)交叉支撑。

门架的内外两侧均应设置交叉支撑，其尺寸应与门架间距相匹配，并应与门架立杆上的锁销销牢。

(3)水平架。

在脚手架的顶层门架上部、连墙件设置层、防护棚设置层必须连续设置水平架。脚手架高度 $H \leqslant 45$ m时，水平架至少两步一设；$H > 45$ m时，水平架应每步一设。不论脚手架高度，在脚手架的转角处、端部及间断处的一个跨距范围内，水平架均应每步一设。水平架可由挂扣式脚手板或门架两侧的水平加固杆代替。

(4)脚手板。

第一层门架顶面应铺设一定数量的脚手板，以便在搭设第二层门架时，施工人员可站在脚手板上操作。

在脚手架的操作层上应连续满铺与门架配套的挂扣式脚手板，并扣紧挂扣，用滑动挡板锁牢，防止脚手板脱落或松动。采用一般脚手板时，应将脚手板与门架横杆用钢丝绑牢，严禁出现探头板。并沿脚手架高度每步设置一道水平加固杆或设置水平架，加强脚手架的稳定。

(5)安装封口杆、扫地杆。

在脚手架的底步门架立杆下端应加封口杆、扫地杆。封口杆是连接底步门架立杆下端的横向水平杆件,扫地杆是连接底步门架立杆下端的纵向水平杆件。扫地杆应安装在封口杆下方。

(6)脚手架垂直度和水平度的调整。

脚手架的垂直度(表现为门架竖管轴线的偏移)和水平度(架平面方向和水平方向)对于确保脚手架的承载性能至关重要(特别是对于高层脚手架)。门式脚手架搭设的垂直度和水平度允许偏差见表3—3。

其注意事项为严格控制首层门型架的垂直度和水平度。在装上以后要逐片地、仔细地调整好,使门架立杆在两个方向的垂直偏差都控制在2 mm以内,门架顶部的水平偏差控制在3 mm以内。随后在门架的顶部和底部用大横杆和扫地杆加以固定。搭完一步架后应按规范要求检查并调整其水平度与垂直度。接门架时上下门架立杆之间要对齐,对中的偏差不宜大于3 mm。同时注意调整门架的垂直度和水平度。另外,应及时装设连墙杆,以避免架子发生横向偏斜。

**表3—3 门式钢管脚手架搭设的垂直度和水平度允许偏差**

| 项目 | | 允许偏差(mm) |
|---|---|---|
| 垂直度 | 每步架 | $h/1\,000\pm2.0$ |
| | 脚手架整体 | $H/600\pm50$ |
| 水平度 | 一跨距内水平架两端高差 | $\pm l/600\pm3.0$ |
| | 脚手架整体 | $\pm H/600\pm50$ |

注:$h$—步距;$H$—脚手架高度;$l$—跨距;$L$—脚手架长度。

(7)转角处门架的连接。

脚手架在转角之处必须作好连接和与墙拉结,以确保脚手架的整体性,处理方法为:在建筑物转角处的脚手架内、外两侧按步设置水平连接杆,将转角处的两门架连成一体。水平连接杆必须步步设置,以使脚手架在建筑物周围形成连续闭合结构。或者利用回转扣直接把两片门架的竖管扣结起来如图3—4所示。

水平连接杆钢管的规格应与水平面加固杆相同,以便于用扣件连接。水平连接杆应采用扣件与门架立杆及水平加固杆扣紧。

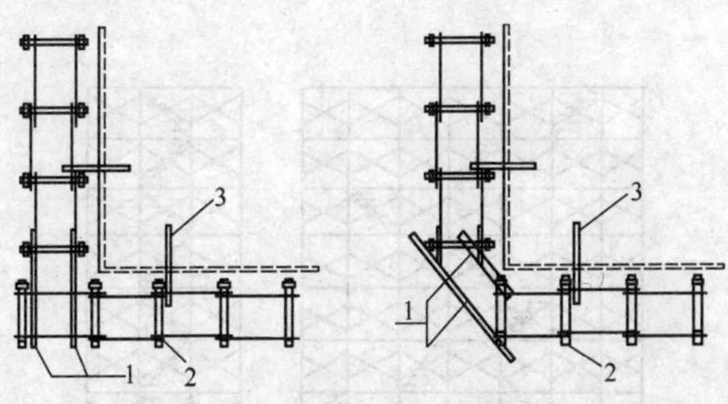


**图 3—4　转角处脚手架连接**

1—连接钢管；2—门架；3—连墙杆

另外，在转角处适当增加连墙件的布设密度。

3. 斜梯安装

作业人员上下脚手架的斜梯应采用挂扣式钢梯，钢梯的规格应与门架规格配套，并与门架挂扣牢固。

脚手架的斜梯宜采用"之"字形式，一个梯段宜跨越两步或三步，每隔四步必须设置一个休息平台。斜梯的坡度应在30°以内。斜梯应设置护栏和扶手。

4. 安装水平加固杆

门式钢管脚手架中，上、下门架均采用连接棒连接，水平杆件采用搭扣连接，斜杆采用锁销连接，这些连接方法的紧固性较差，致使脚手架的整体刚度较差，在外力作用下，极易发生失稳。因此必须设置一些加固件，以增强脚手架刚度。门式脚手架的加固件主要有剪刀撑、水平加固杆件、扫地杆、封口杆、连墙件如图 3—5 所示，沿脚手架内外侧周围封闭设置。

水平加固杆是与墙面平行的纵向水平杆件。为确保脚手架搭设的安全，以及脚手架整体的稳定性，水平加固杆必须随脚手架的搭设同步进行。

当脚手架高度超过 20 m 时，为防止发生不均匀沉降，脚手架最下面 3 步可以每步设置一道水平加固杆(脚手架外侧)，3 步以上每隔 4 步设置一道水平加固杆，并宜在有连墙件的水平层连续设置，以形成水平闭合圈，对脚手架起环箍作用，增强脚手架的稳

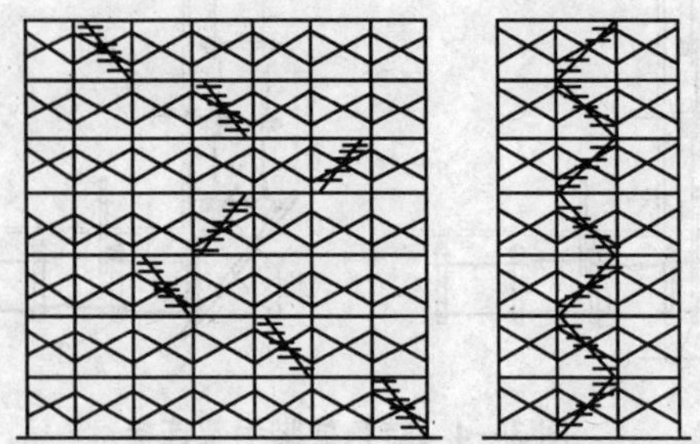
图 3—5　上人楼梯段的设置形式

定性。水平加固杆采用 ϕ48 mm 钢管用扣件在门架立杆的内侧与立杆扣牢。

5. 设置连墙件

为避免脚手架发生横向偏斜和外倾，加强脚手架的整体稳定性、安全可靠性，脚手架必须设置连墙件。

连墙件的搭设按规定间距必须随脚手架搭设同步进行不得漏设，严禁滞后设置或搭设完毕后补做。

连墙件由连墙件和锚固件组成，其构造因建筑物的结构不同有夹固式、锚固式和预埋连墙件几种方法，如图 3—6 所示。

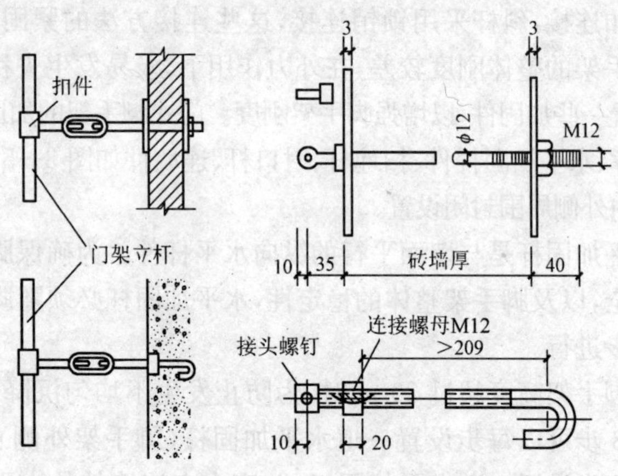

图 3—6　连墙件构造

连墙件的最大间距，在垂直方向为 6 m，在水平方向为 8 m。一般情况下，连墙件竖向每隔 3 步，水平方向每隔 4 跨设置一个。高层脚手架应适当增加布设密度，低层脚手架可适当减少布设密度，连墙件间距规定应满足表 3—4 的要求。

**表 3—4　连墙件竖向、水平间距**

<table>
<tr><th rowspan="2">脚手架搭设高度(m)</th><th rowspan="2">基本风压 $\omega_0$(kN·m$^{-2}$)</th><th colspan="2">连墙件间距(m)</th></tr>
<tr><th>竖向</th><th>水平方向</th></tr>
<tr><td rowspan="2">≤45</td><td>≤0.55</td><td>≤6.0</td><td>≤8.0</td></tr>
<tr><td>>0.55</td><td rowspan="2">≤4.0</td><td rowspan="2">≤6.0</td></tr>
<tr><td>45～60</td><td></td></tr>
</table>

连墙件应能承受拉力与压力，其承载力标准值不应小于 10 kN；连墙件与门架、建筑物的连接也应具有相应的连接强度。

连墙件宜垂直于墙面，不得向上倾斜，连墙件埋入墙身的部分必须锚固可靠。

连墙件应连于上、下两榀门架的接头附近，靠近脚手架中门架的横杆设置，其距离不宜大于 200 mm。

在脚手架外侧因设置防护棚或安全网而承受偏心荷载的部位应增设连墙件，且连墙件的水平间距不应大于 4.0 m

脚手架的转角处、不闭合(一字形、槽形)脚手架的两端应增设连墙件，且连墙件的竖向间距不应大于 4 m。以加强这些部位与主体结构的连接，确保脚手架的安全工作。

当脚手架操作层高出相邻连墙件两步以上时，应采用确保脚手架稳定的临时拉结措施，直到连墙件搭设完毕后方可拆除。

加固件、连墙件等与门架采用扣件连接时，扣件规格应与所连钢管外径相匹配；扣件螺栓拧紧扭力矩宜为 50～60 N·m，并不得小于 40 N·m。各杆件端头伸出扣件盖板边缘长度不应小于 100 mm。

6. 搭设剪刀撑

为了确保脚手架搭设的安全，以及脚手架的整体稳定性，剪刀撑必须随脚手架的搭设同步进行。

剪刀撑采用 ϕ48 mm 钢管，用扣件在脚手架门架立杆的外侧与立杆扣牢，剪刀撑斜杆与地面倾角宜为 45°～60°，宽度一般为 4～8 m，自架底至顶连续设置。剪刀撑之间净距不大于 15 m，如图 3—7 所示。

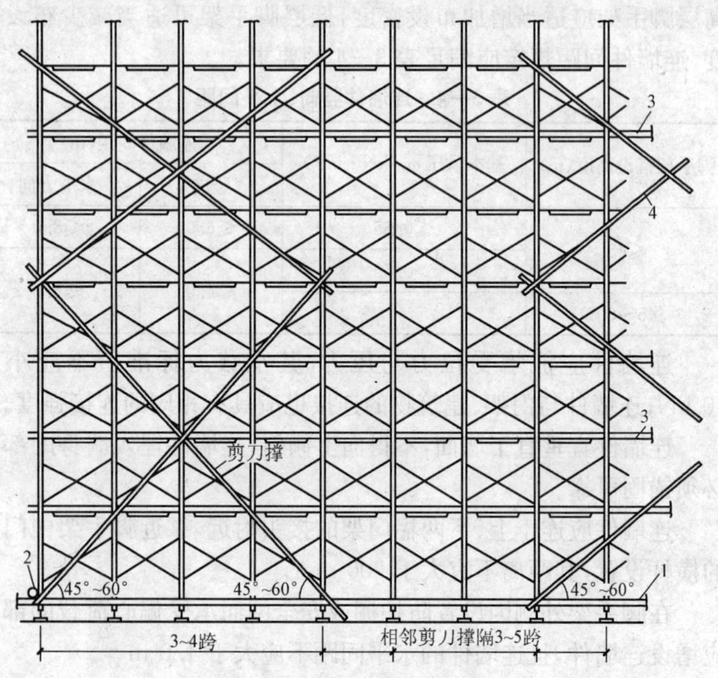


**图 3—7 剪刀撑设备**

1—纵向扫地杆；2—横向封口杆；3—水平加固杆；4—剪刀撑

剪刀撑斜杆若采用搭接接长，搭接长度不宜小于 600 mm，且应采用两个扣件扣紧。

脚手架的高度 $H > 20$ m 时，剪刀撑应在脚手架外侧连续设置。

7. 门架竖向组装

上、下榀门架的组装必须设置连接棒和锁臂，其他部件（如栈桥梁等）则按其所处部位相应及时安装。

搭第二步脚手架时，门架的竖向组装、接高用连接棒。连接棒直径应比立杆内径小 1～2 mm，安装时连接棒应居中插入上、下门架的立杆中，以使套环能均匀地传递荷载。

连接棒采用表面油漆涂层时，表面应涂油，以防使用期间锈蚀，拆卸时难以拔出。

门式脚手架高度超过 10 m 时，应设置锁臂，如采用自锁式弹销式连接棒时，可不设锁臂。

锁臂是上下门架组成接头处的拉结部件，用钢片制成，两端钻有销钉孔，安装时将交叉支撑和锁臂先后锁销，以限制门架及连接棒拔出。

连接门架与配件的锁臂、搭钩必须处于锁住状态。

8. 通道洞口的设置

通道洞口高不宜大于 2 个门架高，宽不宜大于 1 个门架跨距，通道洞口应采取加固措施。

当洞口宽度为 1 个跨距时，应在脚手架洞口上方的内、外侧设置水平加固杆，在洞口两个上角加设斜撑杆，如图 3—8 所示。当洞口宽为两个及两个以上跨距时，应在洞口上方设置水平加固杆及专门设计和制作的托架，并在洞口两侧加强门架立杆，如图 3—9所示。

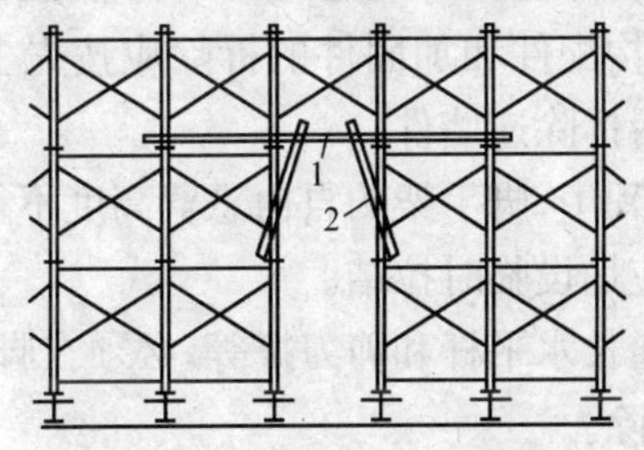


**图 3—8　通道洞加固示意图**

1—水平加固管；2—斜撑杆

9. 安全网、扶手安装

安全网及扶手等设置参照扣件式脚手架。

10. 脚手架的拆除

(1)脚手架经单位工程负责人检查验证并确认不再需要时，方可拆除。

(2)拆除脚手架前，应清除脚手架上的材料、工具和杂物。

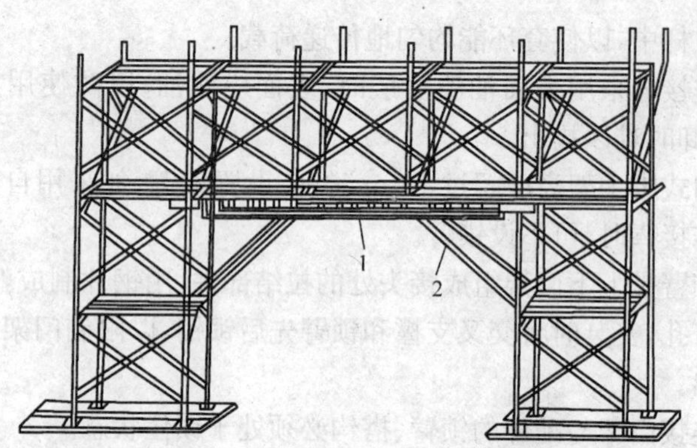


图 3—9 宽通道洞口加固示意图

1—托架梁；2—斜撑杆

(3)拆除脚手架时，应设置警戒区和警戒标志，并由专职人员负责警戒。

(4)脚手架的拆除应在统一指挥下，按后装先拆、先装后拆的顺序及下列安全作业的要求进行。

1)脚手架的拆除应从一端走向另一端、自上而下逐层地进行。

2)同一层的构配件和加固件的拆除应按先上后下、先外后里的顺序进行，最后拆除连墙件。

3)在拆除过程中，脚手架的自由悬臂高度不得超过两步，当必须超过两步时，应加设临时拉结。

4)连墙杆、通长水平杆和剪刀撑等，必须在脚手架拆卸到相关的门架时方可拆除。

5)工人必须站在临时设置的脚手板上进行拆卸作业，并按规定使用安全防护用品。

6)拆除工作中，严禁使用榔头等硬物击打、撬挖，拆下的连接棒应放入袋内，锁臂应先传递至地面并放室内堆存。

7)拆卸连接部件时，应先将锁座上的锁板与卡钩上的锁片旋转至开启位置，然后开始拆除，不得硬拉，严禁敲击。

8)拆下的门架、钢管与配件，应成捆用机械吊运或由井架传送至地面，防止碰撞，严禁抛掷。

落地门式钢管脚手架的其他部位

有脚手板、梯子、扣墙器杆、连接棒、锁臂和脚手板架等，如图3—10所示。

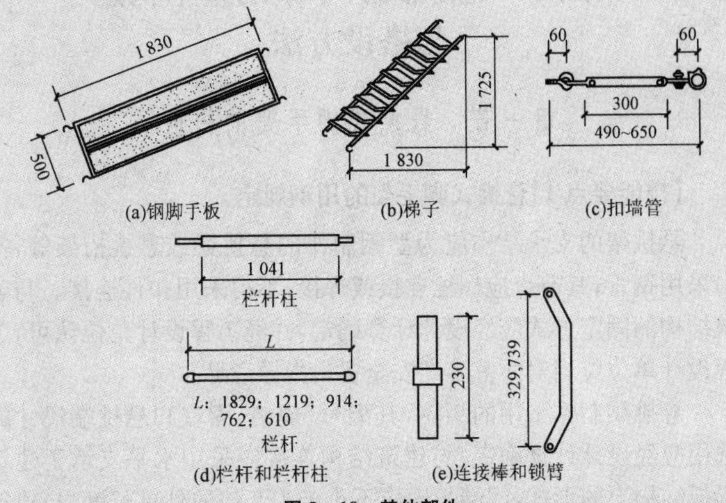


**图3—10　其他部件**

(1)脚手板一般为钢脚手板，其两端带有挂扣，搁置在门架的横梁上并扣紧。在这种脚手架中，脚手板还是加强脚手架承受刚度的主要构件，脚手架应每隔3～5层设置一层脚手板。

(2)梯子为设有踏步的斜梯，分别扣挂在上下两组门架的横梁上。

(3)扣墙器和扣墙管都是确保脚手架整体稳定的拉结件。扣墙器为花篮螺栓构造，一端带有扣件与门架竖管扣紧，另一端有螺杆锚入墙中，旋紧花篮螺栓，即可把扣墙器拉紧；扣墙管为管式构造，一端的扣环与门架拉紧，另一端为埋墙螺栓或夹墙螺栓，锚入或夹紧墙壁。

(4)托架分定长臂和伸缩臂两种形式，可伸出宽度0～1.0 m，以适应脚手架距墙面较远时的需要。

(5)小桁架(栈桥梁)用来构成通道。

(6)连接扣件亦分三种类型，即回转扣、直角扣和筒扣，每一种类型又有不同规格，以适应相同管径或不同管径杆件之间的连接。

# 第四章　悬挑式脚手架的基本构造与搭设方法

## 第一节　悬挑式脚手架的构造

**【技能要点1】悬挑式脚手架的用钢规定**

悬挑架的支承结构应为型钢制作的悬挑梁或悬挑桁架等，不得采用钢管；其节点应螺栓连接或焊接，不得采用扣件连接。与建筑结构的固定方式应经设计计算确定，并经工程设计单位认可，工程设计单位应当对防范生产安全提出指导意见。

悬挑梁制作采用的型钢，其型号、规格、固端和悬挑端尺寸的选用应经设计计算确定，与建筑结构连接应采用水平支承于建筑梁板结构上的形式，固端长度应不小于1.5倍的外挑长度，与建筑物连接必须可靠(如由不少于两道的预埋U形螺栓与压板采用双螺母固定，螺杆露出螺母应不少于3扣)，连接强度应经计算确定。

**【技能要点2】悬挑式脚手架的材料要求**

(1)悬挑架构配件采用的原、辅材料材质及性能应符合现行国家标准、规范的要求，按规定进行进场验收和检验。有下列情形之一，构配件不得使用。

1)焊接件严重变形且无法修复或严重锈蚀的。

2)螺栓连接件变形、磨损、锈蚀严重或螺栓损坏的。

3)悬挑支承件变形、磨损严重的。

4)其他不符合要求的。

(2)构配件制作应满足设计要求。

(3)悬挑架所采用的螺栓连接件，不得使用板牙套丝或螺纹锥攻丝。

(4)悬挑架构配件加工前，必须进行设计计算、绘制设计图纸；加工完后应进行检验，焊接件焊缝应进行探伤检验。

## 第二节　悬挑式脚手架的搭设

### 【技能要点1】悬挑式脚手架搭设要求

外挑式扣件钢管脚手架与一般落地式扣件钢管脚手架的搭设要求基本相同。高层建筑采用分段外挑脚手架时，脚手架的技术要求列于表4—1中。

表4—1　分段式外挑脚手架技术要求

| 允许荷载(N·m⁻²) | 立杆最大间距(mm) | 纵向水平杆最大间距(mm) | 横向水平杆间距(mm) | | |
|---|---|---|---|---|---|
| | | | 脚手板厚度(mm) | | |
| | | | 30 | 43 | 50 |
| 1 000 | 2 700 | 1 350 | 2 000 | 2 000 | 2 000 |
| 2 000 | 2 400 | 1 200 | 1 400 | 1 400 | 1 750 |
| 3 000 | 2 000 | 1 000 | 2 000 | 2 000 | 2 200 |

### 【技能要点2】支撑杆式悬挑脚手架搭设

水平横杆→纵向水平杆→双斜杆→内立杆→加强短杆→外立杆→脚手板→栏杆→安全网→上一步架的横向水平杆→连墙杆→水平横杆与预埋环焊接。按上述搭设顺序一层一层搭设，每段搭设高度以6步为宜，并在下面支设安全网。

### 【技能要点3】挑梁式脚手架搭设

安置型钢挑梁(架)→安装斜撑压杆→斜拉吊杆(绳)→安放纵向钢梁→搭设脚手架或安放预先搭好的脚手架。每段搭设高度以12步为宜。

### 【技能要点4】悬挑式脚手架搭设施工要点

(1)连墙杆的设置。

根据建筑物的轴线尺寸，在水平方向应每隔3跨(隔6 m)设置一个，在垂直方向应每隔3～4 m设置一个，并要求各点互相错开，形成梅花状布置。

(2)连墙杆的作法。

在钢筋混凝土结构中预埋铁件，然后用∟100×63×10 的角钢，一端与预埋件焊接，另一端与连接短管用螺栓连接，如图 4—1 所示。

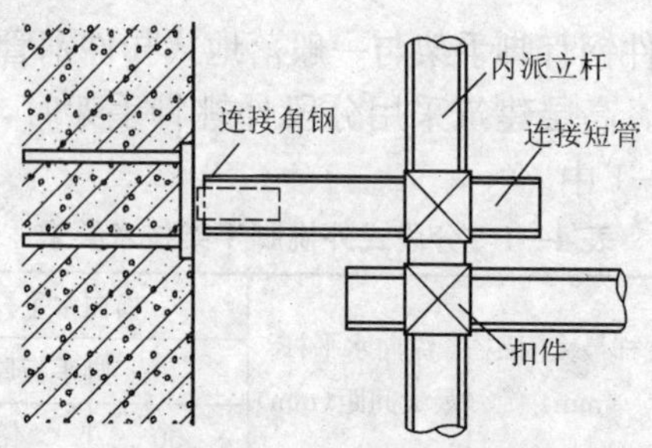


**图 4—1　连墙杆作法**

(3)垂直控制。

搭设时，要严格控制分段脚手架的垂直度、垂直度偏差。

第一段不得超过 1/400，第二段、第三段不得超过 1/200。

脚手架的垂直度要随搭随检查，发现超过允许偏差时，应及时纠正。

(4)脚手板铺设。

脚手架的底层应满铺厚木脚手板，其上各层可满铺薄钢板冲压成的穿孔轻型脚手板。

(5)安全防护措施。

脚手架中各层均应设置护栏、踢脚板和扶梯。

脚手架外侧和单个架子的底面用小眼安全网封闭，架子与建筑物要保持必要的通道。

(6)挑梁式挑脚手架立杆与挑梁(或纵梁)的连接，应在挑梁(或纵梁)上焊 150～200 mm 长钢管，其外径比脚手架立杆内径小 1.0～1.5 mm，用接长扣件连接，同时在立杆下部设 1～2 道扫地杆，以确保架子的稳定。

(7)悬挑梁与墙体结构的连接，应预先预埋铁件或留好孔洞，保证连接可靠，不得随便打凿孔洞，破坏墙体。各支点要与建筑物中的预埋件连接牢固。挑梁、拉杆与结构的连接可参考如图4—2、

图4—3所示的方法。

(8)斜拉杆(绳)应装有收紧装置,以使拉杆收紧后能承担荷载。

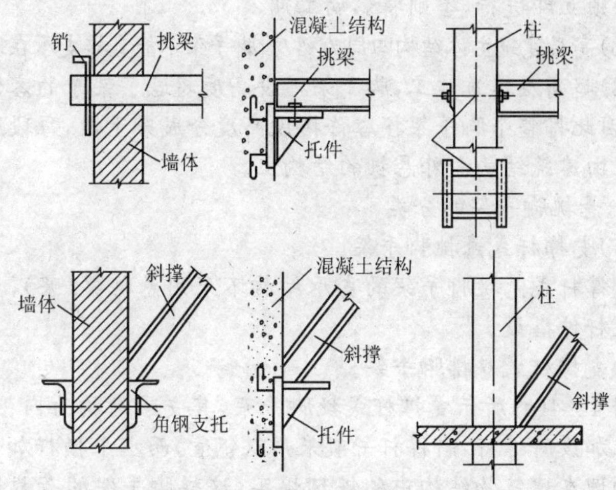


图4—2　下撑式挑梁与结构的连接

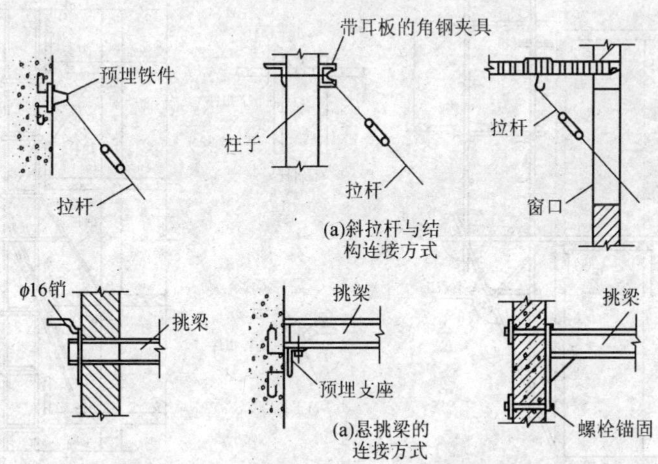


图4—3　斜拉式挑梁与结构的连接

## 悬挑式脚手架的应用及分类

1. 悬挑脚手架的应用

(1)±0.000 以下结构工程回填土不能及时回填，而主体结构工程必须立即进行，否则将影响工期。

(2)高层建筑主体结构四周为裙房，脚手架不能直接支承在地面上。

(3)超高层建筑施工，脚手架搭设高度超过了架子的容许搭设高度，因此将整个脚手架按容许搭设高度分成若干段，每段脚手架支承在由建筑结构向外悬挑的结构上。

2. 悬挑脚手架的分类

(1)支撑杆式悬挑脚手架

支撑杆式悬挑脚手架的支承结构不采用悬挑梁(架)，直接用脚手架杆件搭设。

1)支撑杆式双排脚手架。

图 4—4(a)所示支撑杆式挑脚手架，其支承结构为内、外两排立杆上加设斜撑杆，斜撑杆一般采用双钢管，而水平横杆加长后一端与预埋在建筑物结构中的铁环焊牢，这样脚手架的荷载通过斜杆和水平横杆传递到建筑物上。

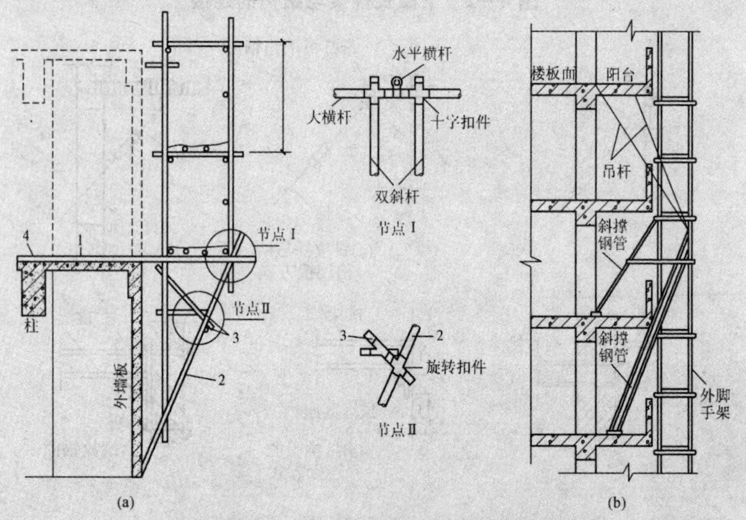


**图 4—4　支撑杆式双排挑脚手架**

1—水平横杆；2—双斜撑杆；3—加强短杆；4—预埋铁环

图 4—4(b)所示悬挑脚手架的支承结构是采用下撑上拉方法，在脚手架的内、外两排立杆上分别加设斜撑杆。斜撑杆的下端支在建筑结构的梁或楼板上，并且内排立杆斜撑杆支点比外排立杆斜撑杆的支点高一层楼。斜撑杆上端用双扣件与脚手架的立杆连接。

此外，除了斜撑杆，还设置了拉杆，以增强脚手架的承载能力。

支撑杆式悬挑脚手架搭设高度一般在 4 层楼高、12 m 左右。

2)支撑杆式单排悬挑脚手架。

图 4—5(a)所示为支撑杆式单排悬挑脚手架，其支承结构为从窗门挑出横杆，斜撑杆支撑在下一层的窗台上。如无窗台，则可先在墙上留洞或预埋支托铁件，以支承斜撑杆。

图 4—5(b)所示支撑杆式挑脚手架的支承结构是从同一窗口挑出横杆和伸出斜撑杆，斜撑杆的一端支撑在楼面上。

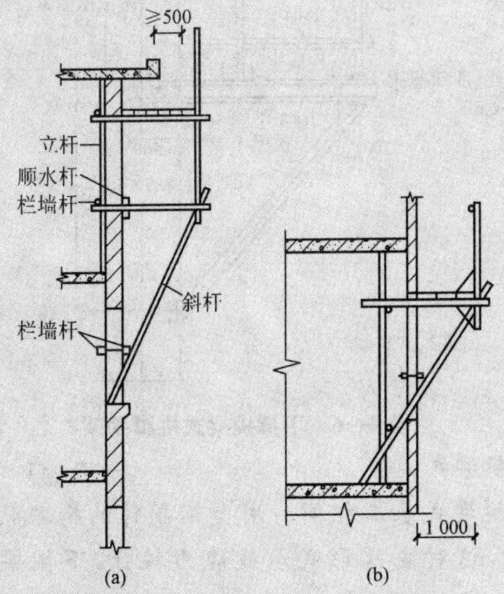


**图 4—5　支撑杆式单排挑脚手架**

(2)挑梁式悬挑脚手架

挑梁式悬挑脚手架采用固定在建筑物结构上的悬挑梁(架)，并以此为支座搭设脚手架，一般为双排脚手架。此种类型脚手架搭设高度一般控制在6个楼层(20 m)以内,可同时进行2～3层作业,是目前较常用的脚手架形式。其支撑结构有下撑挑梁式、桁架挑梁式和斜拉挑梁式三种。

1)下撑挑梁式。

在主体结构上预埋型钢挑梁,并在挑梁的外端加焊斜撑压杆组成挑架。各根挑梁之间的间距不大于6 m,并用两根型钢纵梁相连,然后在纵梁上搭设扣件式钢管脚手架,如图4—6所示。

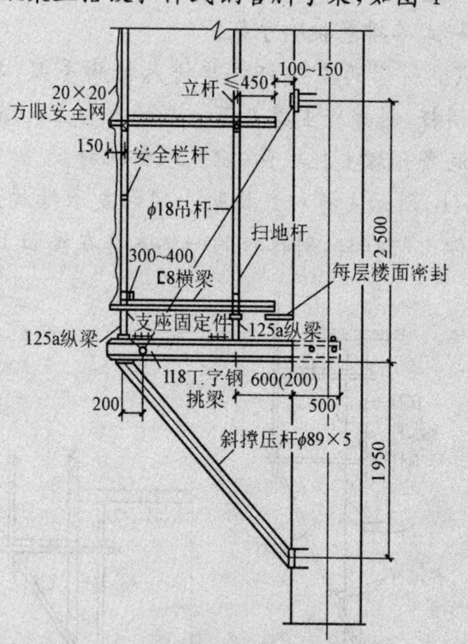


**图4—6　下撑挑梁式挑脚手架**

2)桁架挑梁式。

与下撑挑梁式基本相同。用型钢制作的桁架代替了挑架如图4—7所示,这种支撑形式承载能力较强,下挑梁的间距可达9 m。

3)斜拉挑梁式。

如图4—8所示斜拉挑梁式悬挑脚手架,以型钢作挑梁,其端头用钢丝绳(或钢筋)作拉杆斜拉。

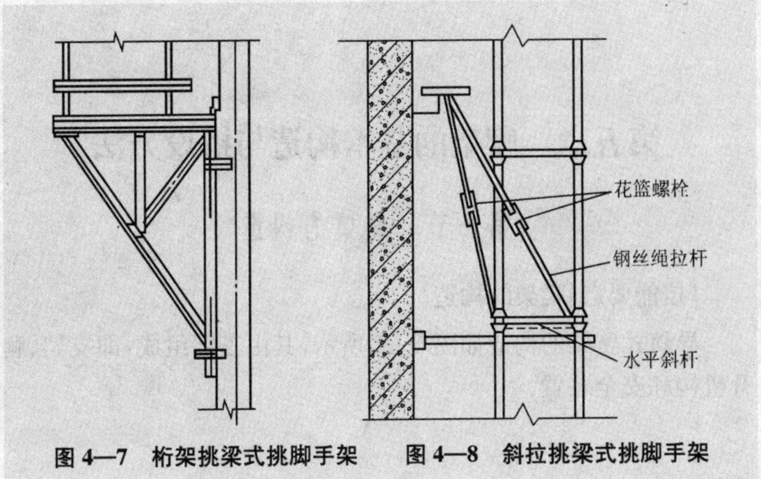


图 4—7　桁架挑梁式挑脚手架　　图 4—8　斜拉挑梁式挑脚手架

# 第五章　爬架的基本构造与搭设方法

## 第一节　爬架的构造

### 【技能要点】爬架的构造

导轨式爬架的构造如图 5—1 所示，其由三部组成，即支架、爬升机构和安全装置。

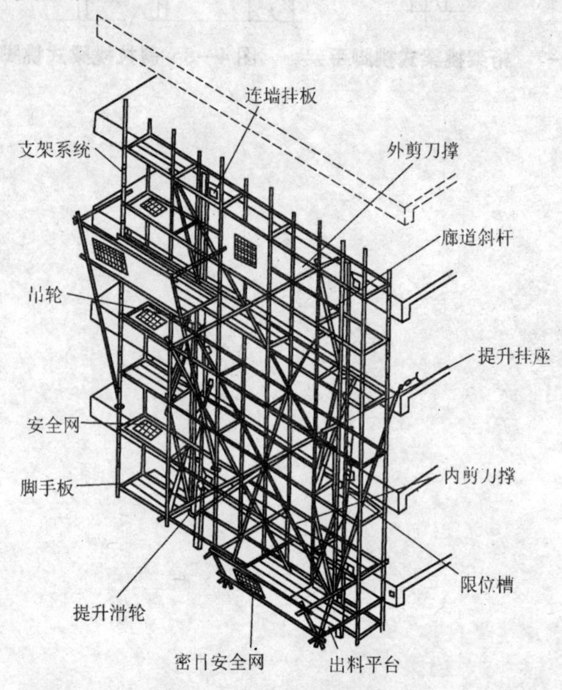


**图 5—1　导轨式爬架构造**

支架（架体结构）包括支架、导轨、连墙支杆座、连墙支杆、连墙挂板。

爬升机构包括提升挂座、提升葫芦、提升钢丝绳、提升滑轮组。

安全装置包括防坠落装置、导轮组、安全网、限位锁。

## 第二节　爬架的搭设

**【技能要点1】爬架的搭设**

导轨式爬架搭设必须严格按照设计要求进行。

导轨式爬架应在操作工作平台上进行搭设组装。工作平台面应低于楼面300～400 mm，高空操作时，平台应有防护措施。脚手架架体可采用碗扣式或扣件式钢管脚手架，其搭设方法和要求与常规搭设基本相同。

(1)选择安装起始点、安放起始点、安放提升滑轮组并搭设底部架子。脚手架安装的起始点一般选在爬架的爬升机构位置不需要调整的地方，如图5—2所示。

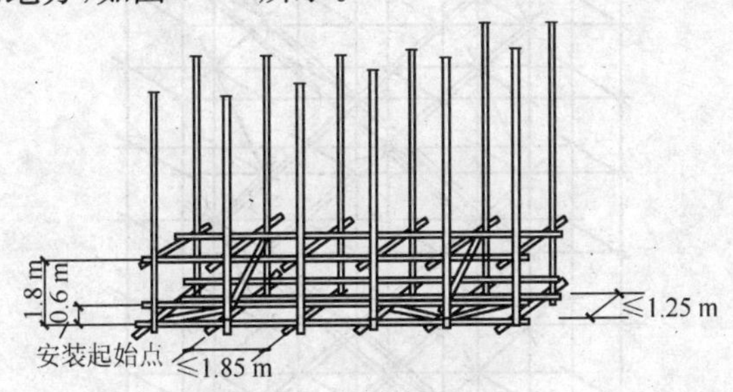


图5—2　底部架子搭设

安装提升滑轮组并和架子中与导轨位置相对应的立杆连接，并以此立杆为准(向一侧或两侧)依次搭设底部架。

脚手架的步距为1.8 m，最底一步架增设一道纵向水平杆，距底的距离为600 mm，跨距不大于1.85 m，宽度不大于1.25 m。

最底层应设置纵向水平剪刀撑以增强脚手架承载能力，与提升滑轮组相连(即与导轨位置)相对应的立杆一般为位于脚手架端部的第二根立杆，此处要设置从底到顶的横向斜杆。

底部架搭设后，对架子应进行检查、调整。具体要求如下。

横杆的水平度偏差不大于$L/400$($L$为脚手架纵向长度)。

立杆的垂直偏差小于$H/500$($H$为脚手架高度)。

脚手架的纵向直线度偏差小于 $L/200$。

(2)脚手架(架体)搭设。随着工程进度,以底部架子为基础,搭设上部脚手架。

与导轨位置相对应的横向承力框架内沿全高设置横向斜杆,在脚手架外侧沿全高设置剪刀撑;在脚手架内侧安装爬升机械的两立杆之间设置剪刀撑,如图 5—3 所示。

脚手板、扶手杆除按常规要求铺放外,底层脚手板必须用木脚手板或者用无网眼的钢脚手板密铺,并要求横向铺至建筑物外墙,不留间隙。

脚手架外翻满挂安全网,并要求从脚手架底部兜过来,将安全网固定在建筑物上。

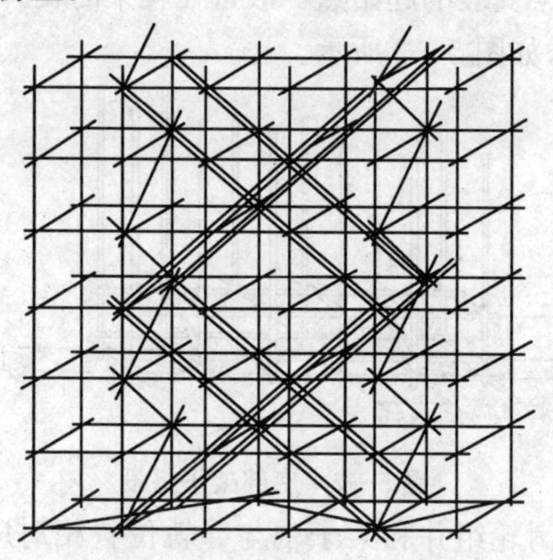

**图 5—3 框架内横向斜杆设置**

(3)安装导轮组、导轨。在脚手架(架体)与导轨相对应的两根立杆上,各上、下安装两组导轮组,然后将导轨插进导轮和图 5—4 所示提升滑轮组下的导孔中,导轨与架体连接如图 5—5 所示。

在建筑物结构上安装连墙挂板、连墙支杆、连墙支座杆,再将导轨与连墙支座连接。

当脚手架(支架)搭设到两层楼高时即可安装导轨,导轨底部(下端)应低于支架 1.5 m 左右,每根导轨上相同的数字应处于同一水平上。

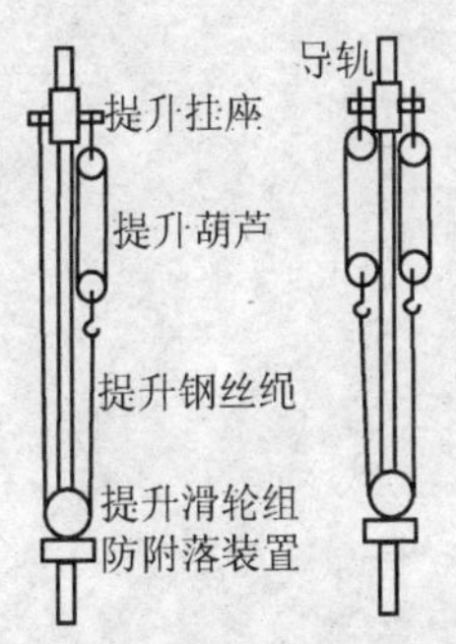


图 5—4　提升机构

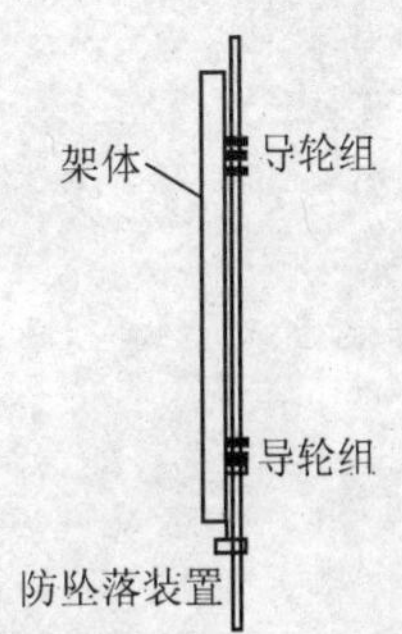


图 5—5　导轨与架体连接

两根连墙杆之间的夹角宜控制在 45°～150°，用调整连墙杆的长短来调整导轨的垂直度，偏差控制在 $H/400$ 以内。

钢丝绳下端固定在支架立杆的下碗扣底部，上部用花篮螺栓挂在连墙挂板上，挂好后将钢丝绳拉紧(图 5—6)。

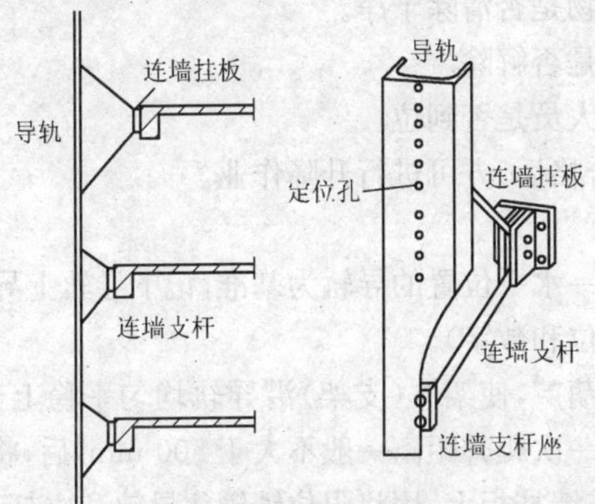


图 5—6　导轨与结构联结

若采用电动葫芦则在脚手架上搭设电控柜操作台，并将电缆线布置到每个提升点，同电动葫芦连接好(注意留足电缆线长度)。

限位锁固定在导轨上，并在支架立杆的主节点下碗扣底部安装限位锁夹，如图 5—7 所示。

**【技能要点 2】爬架搭设的检查**

1. 导轨式爬架安装完毕

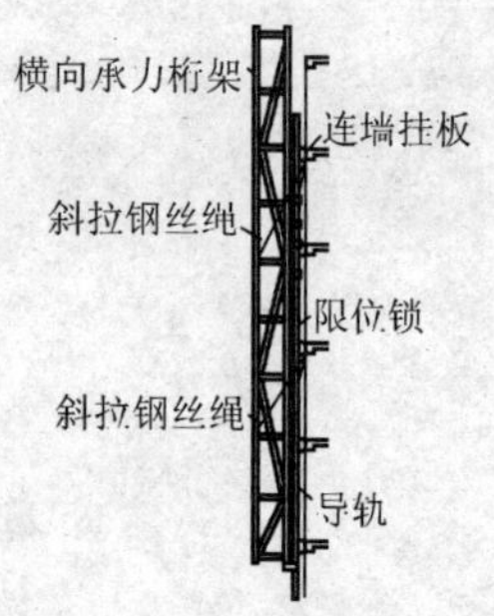


**图 5—7 限位锁设置**

(1)扣件接头是否锁(扣)紧。

(2)导轨的垂直度是否符合要求。

(3)葫芦是否拴好,有无翻链扭曲现象,电控柜及电动葫芦连接是否正确。

(4)障碍物是否清除干净。

(5)约束是否解除。

(6)操作人员是否到位。

经检查合格后,方可进行升降作业。

2. 上升

(1)以同一水平位置的导轨为基准,记下导轨上导轮所在位置(导轨上的孔位和数字)。

(2)启动葫芦,使架体(支架)沿导轨均匀平稳上升,一直升至所定高度(第一次爬升距离一般不大于 500 mm)后,将斜拉钢丝绳挂在上一层连墙挂板上,用将限位锁锁住导轨和立杆;再松动并摘下葫芦,将提升挂座移至上部位置,把葫芦挂上,并将下部已滑出的导轨拆下安装到顶部。

3. 下降

与上升操作相反,先将提升挂座挂在下面一组导轮的上方位置上,待下降到位后,再将上部导轨拆下,安装到底部。

注意:上升或下降过程中应注意观察各提升点的同步性,当高差超过 1 个孔位(100 mm)时,应停机调整。

爬架基础

1. 挑梁式爬架

挑梁式爬架以固定在结构上的挑梁为支点提升支架，如图5—8所示。

2. 互爬式爬架

互爬式爬架是相邻两支架（甲、乙）互为支点交错升降，如图5—9所示。

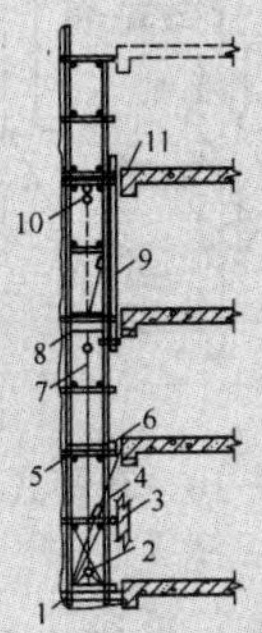


图5—8　挑梁式爬架

1—承力托盘；2—基础架（承力桁架）；3—导向轮；4—可调拉杆；5—脚手板；6—连墙件；7—提升设备；8—提升挑梁；9—导向杆（导轨）；10—小葫芦；11—导杆滑套

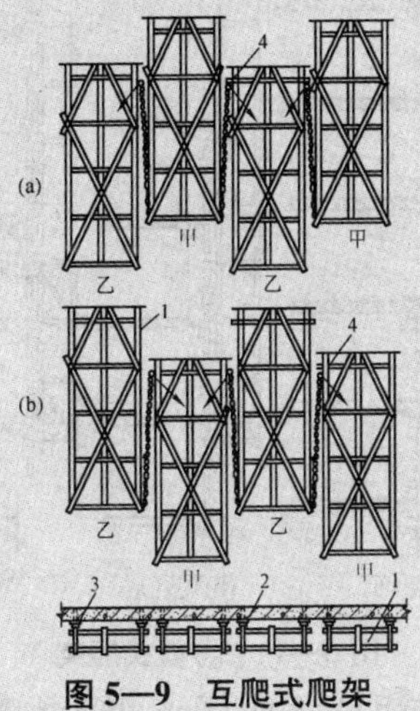


图5—9　互爬式爬架

1—提升单元；2—提升横梁；3—连墙支座；4—手拉葫芦

3. 套管式爬架

套管式爬架通过固定框和活动框的交替升降使支架升降，如图 5—10 所示。

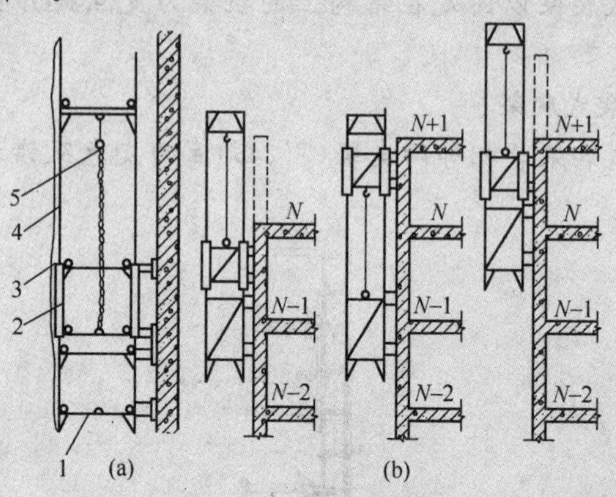


**图 5—10　套管式爬架**

4. 导轨式爬架

导轨式爬架把导轨固定在建筑物上，支架沿着导轨升降，如图 5—11 所示。

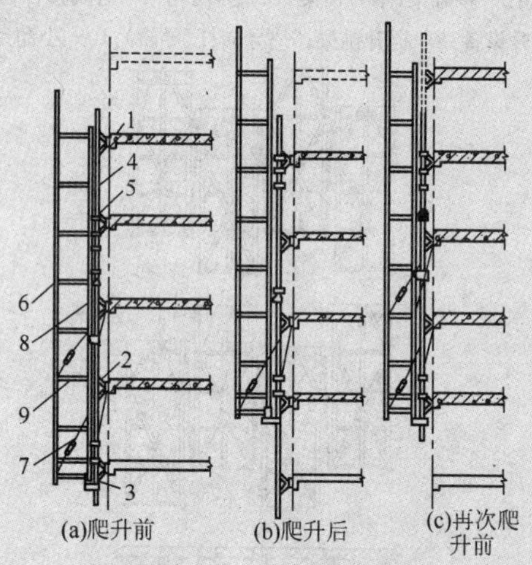


**图 5—11　导轨式爬架**

1—连接挂板；2—连墙杆；3—连墙杆座；4—导轨；5—限位锁；6—脚手架；7—斜拉钢丝绳；8—立杆；9—横杆

# 第六章　模板支撑架的基本构造与搭设方法

## 第一节　模板支撑架的构造

**【技能要点1】碗口式钢管支撑架的构造**

1. 一般碗扣式支撑架

用碗扣式钢管脚手架系列构件可以根据需要组装成不同组架密度、不同组架高度的支撑架，其一般组架结构见如6—1所示。由立杆垫座（或立杆可调座）、立杆、顶杆、可调托撑以及横杆和斜杆（或斜撑、剪刀撑）等组成。使用不同长度的横杆可组成不同立杆间距的支撑架，基本尺寸见表6—1，支撑架中框架单元的框高应根据荷载等因素进行选择。当所需要的立杆间距与标准横杆长度（或现有横杆长度）不符时，可采用两组或多组组架交叉叠合布置，横杆错层连接，如图6—2所示。

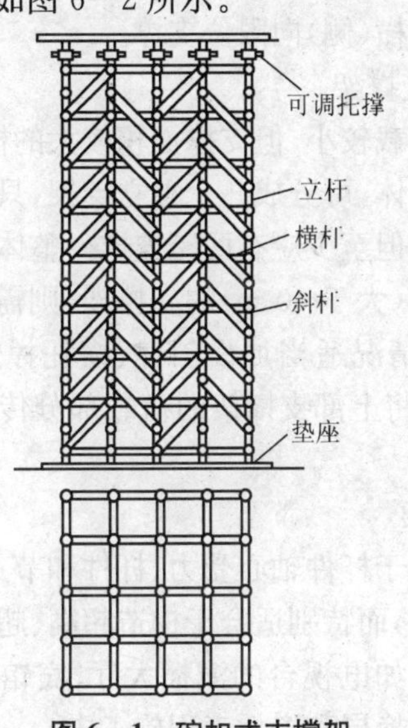


图6—1　碗扣式支撑架

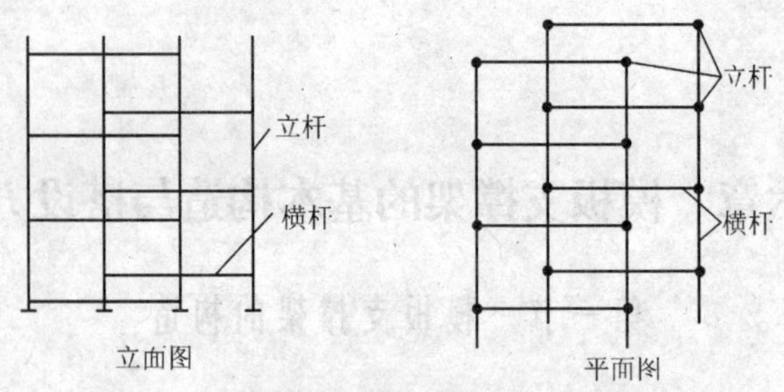


图 6—2　支撑架交叉布置

表 6—1　碗扣式钢管支撑架框架单元基本尺寸表

| 类型 | A 型 | B 型 | C 型 | D 型 | E 型 |
|---|---|---|---|---|---|
| 基本尺寸(m)<br>(框长×框宽×框高) | 1.8×1.8×1.8 | 1.2×1.2×1.8 | 1.2×1.2×1.2 | 0.9×0.9×1.2 | 0.9×0.9×0.6 |

2. 带横托撑(或可调横托撑)支撑架

如图 6—3 所示,可调横托座既可作为墙体的侧向模板支撑,又可作为支撑架的横(侧)向限位支撑。

3. 底部扩大支撑架

对于楼板等荷载较小,但支撑面积较大的模板支架,一般不必把所有立杆连成整体,可分成几个独立支架,只要高宽(以窄边计)比小于 3∶1 即可,但至少应有两跨连成一整体。对一些重载支撑架或支撑高度较高(大于 10 m)的支撑架,则需把所有立杆连成一整体,并根据具体情况适当加设斜撑、横托撑或扩大底部架如图 6—4 所示,用斜杆将上部支撵架的荷载部分传递到扩大部分的立杆上。

4. 高架支撑架

碗扣支撑架由于杆件轴心受力、杆件和节点间距定型、整架稳定性好和承载力大,而特别适合于构造超高、超重的梁板模板支撑架,用于高大厅堂(如电视台的演播大厅、宾馆门厅、教学楼大厅、影剧院等)、结构转换层和道桥工程施工中。

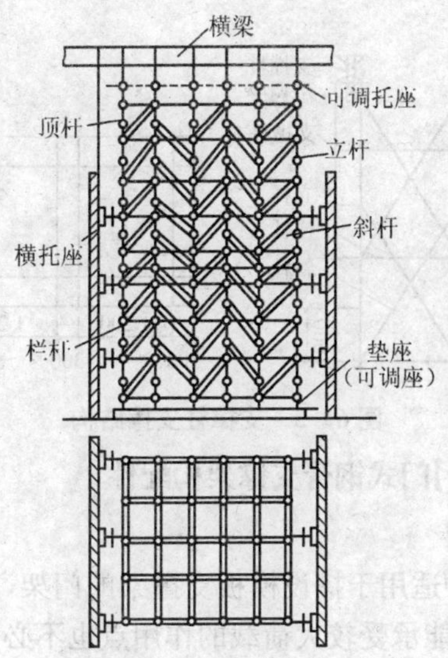


图 6—3　带横托撑支撑架

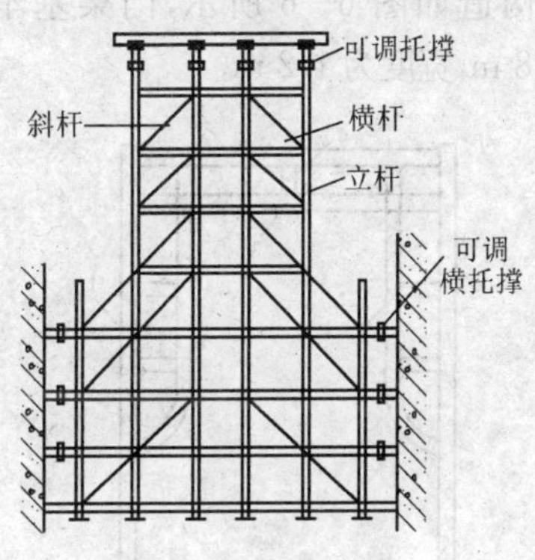


图 6—4　重载支撑架构

当支撑架高宽（以窄边计）比超过 5 时，应采取高架支撑架，否则须按规定设置缆风绳紧固。

5. 支撑柱支撑架

当施工荷载较重时，应采用如图 6—5 所示碗扣式钢管支撑柱组成的支撑架。

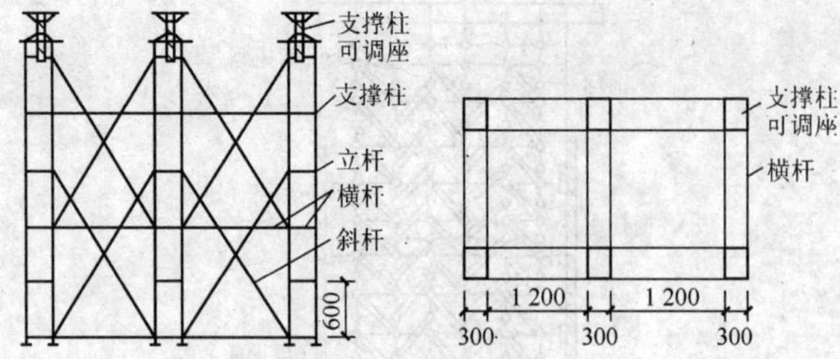


图 6—5　支撑柱支撑结构

**【技能要点 2】门式钢管支撑架构配件**

1. CZM 门架

CZM 是一种适用于搭设模板支撑架的门架，其特点是横梁刚度大，稳定性好，能承受较大荷载的作用点也不必限制在主杆的顶点处，即横梁上任意位置均可作为荷载承点。

CZM 门架的构造如图 6—6 所示，门架基本高度有三种，即 1.2 m、1.4 m 和 1.8 m，宽度为 1.2 m。

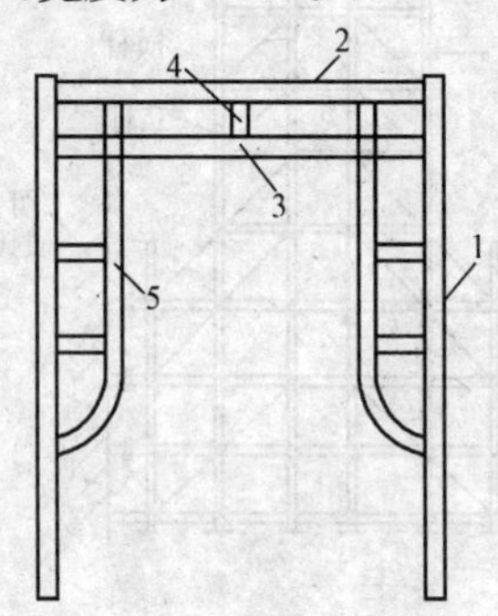


图 6—6　CZM 门架构造

1—门架立杆；2—上横杆；3—下横杆；4—腹杆；

5—架强杆（1.2 m 高门架没有加强杆）

2. 调节架

调节架高度有 0.9 m、0.6 m 两种，宽度为 1.2 m，用来与门架搭配，以配装不同高度的支撑架。

3. 连接棒、销钉、销臂上下门架、调节架

连接棒、销钉、销臂上下门架、调节架的竖向连接采用连接棒，如图 6—7(a)所示；连接棒的两端均钻有孔洞，插入上、下两门架的立杆内，并在外侧安装销臂，如图 6—7(c)所示；再用自锁销钉[图 6—7(b)]穿过销臂、立杆和连接棒的销孔，将上下立杆直接连接起来。

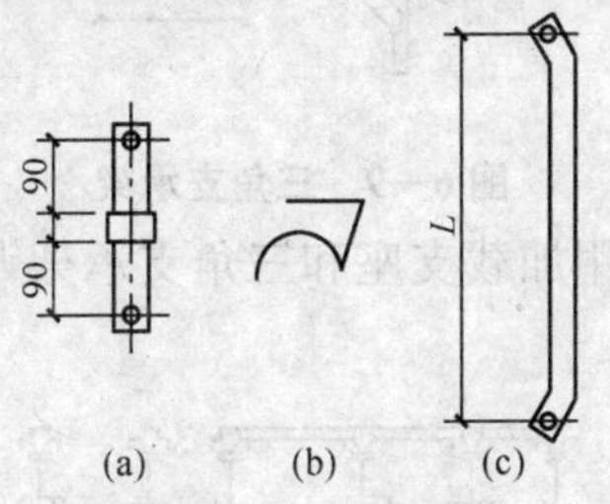


图 6—7　连接配件

4. 加载支座、三角支承架

当托梁的间距不是门架的宽度(1.2 m)，且荷载作用点的间距大于或小于 1.2 m 时，可用加载支座或三角支承架来进行调整，可以调整的间距范围为 0.5～1.8 m。

(1)加载底座。加载支座构造如图 6—8 所示，使用时用扣件将底杆与门架的上横杆扣牢，小立杆的顶端加托座即可使用。

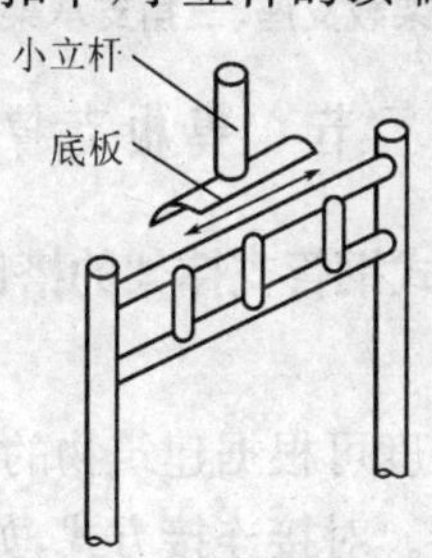


图 6—8　加载支座

(2)三角支承架。三角支承架构造如图 6—9 所示，宽度有 150 mm、300 mm、400 mm 等几种类型。使用时将插件插入门架立杆顶端，并用扣件将底杆与立杆扣牢，然后在小立杆顶端设置顶托即可使用。

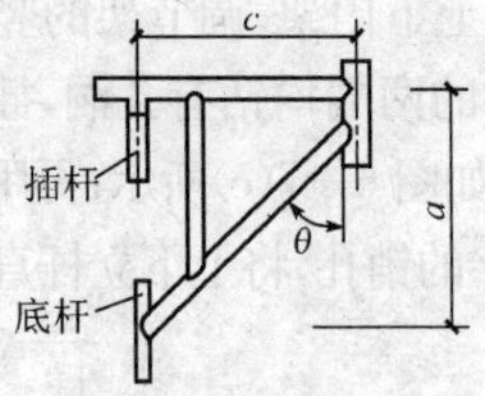


图 6—9 三角支承架

图 6—10 是采用加载支座和三角支承架调整荷载作用点(托梁)的示意图。

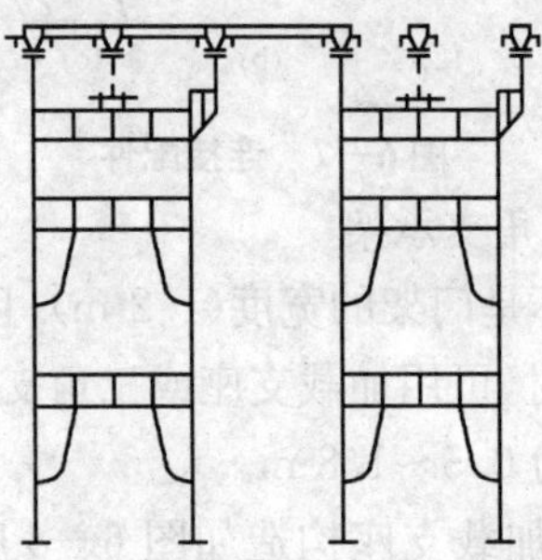

图 6—10 采用架载支座、三角支承架调整荷载作用点

## 第二节 模板支撑架

### 【技能要点 1】扣件式钢管支撑架的搭设

1. 立杆的接长

扣件式支撑架的高度可根据建筑物的层高而定,立杆的接口,可采用对接或搭接连接。对接连接方式,如图 6—11 所示。

支撑架立杆采用对接扣件连接时,在立杆的顶端安插一个顶托,被支撑的模板荷载通过顶托直接作用在立杆上。特点是荷载偏心小,受力性能好,能充分发挥钢管的承载力。通过调节可调底座或可调顶托,可在一定范围内调整立杆总高度,但调节幅度不大。搭接连接方式,如图 6—12 所示。

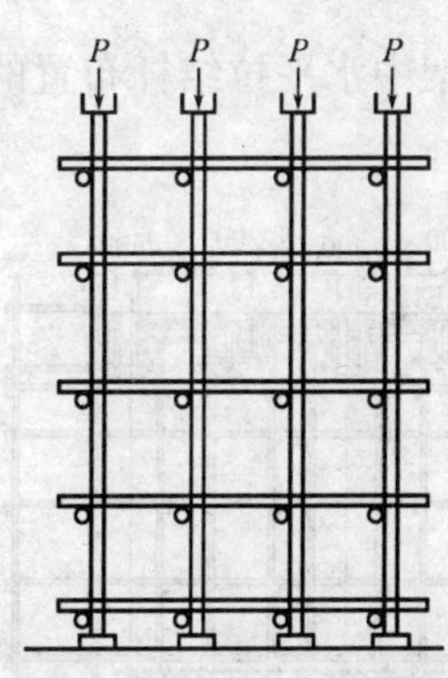


图 6—11　立杆对接连接

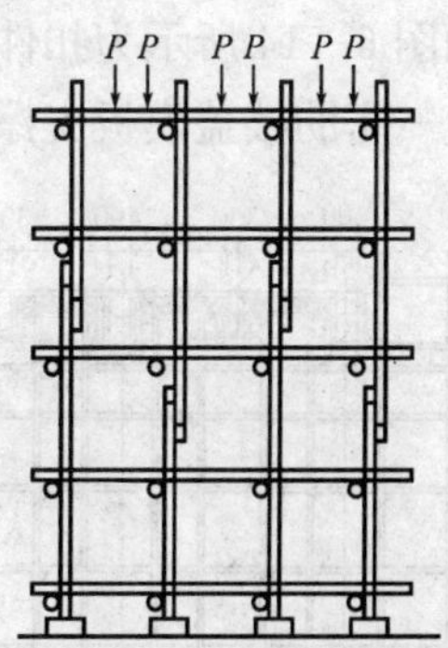


图 6—12　立杆搭接连接

采用回转扣件，搭接长度不得小于 100 mm。模板上的荷载作用在支撑架顶层的横杆上，再通过扣件传到立杆。

特点是荷载偏心大，且靠扣件传递，受力性能差。钢管的承载力得不到充分发挥。但比较容易调整立杆的总高度。

2. 水平拉结杆设置

为加强扣件式支撑架的整体稳定性，必须在支撑架立杆之间纵、横两个方向均设置扫地杆和水平拉结杆。各水平拉结杆的间距(步高)一般不大于 1.6 m。

如图 6—13 所示为扣件式满堂支撑架水平拉结杆布置的实例——梁板结构模板支撑架。

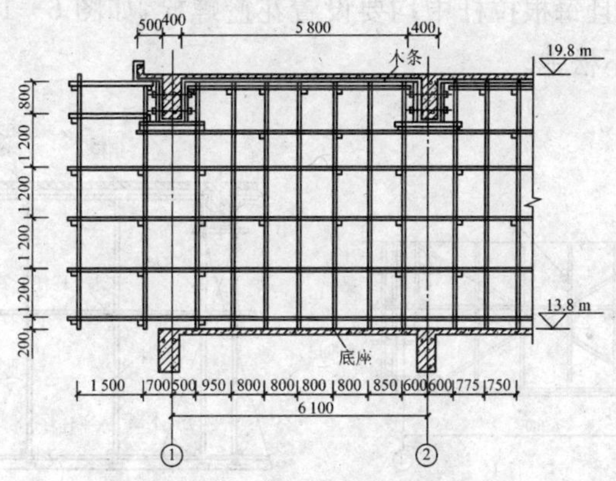


图 6—13　梁板结构模板支撑架

如图 6—14 所示为扣件式满堂支架中水平拉结杆布置的另一实例——密肋楼盖模板支撑架。

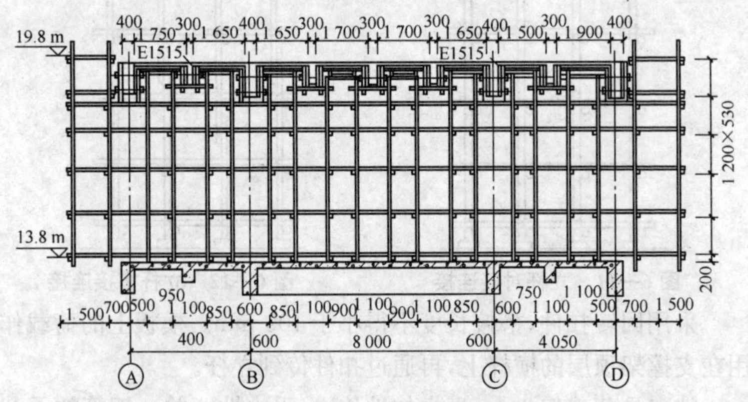


图 6—14　密肋楼盖模板支撑架

3. 斜杆设置

为保证支撑架的整体稳定性，在设置纵、横向水平拉结杆同时，还必须设置斜杆，具体搭设时可采用刚性斜撑或柔性斜撑。

(1)刚性斜撑。刚性斜撑以钢管为斜撑，用扣件将它们与支撑架中的立杆和水平杆连接，如图 6—15 所示。

(2)柔性斜撑。柔性斜撑采用钢筋、铅丝、铁链等材料，必须交叉布置，并且每根拉杆中均要设置花篮螺栓，如图 6—16 所示，以保证拉杆不松弛。

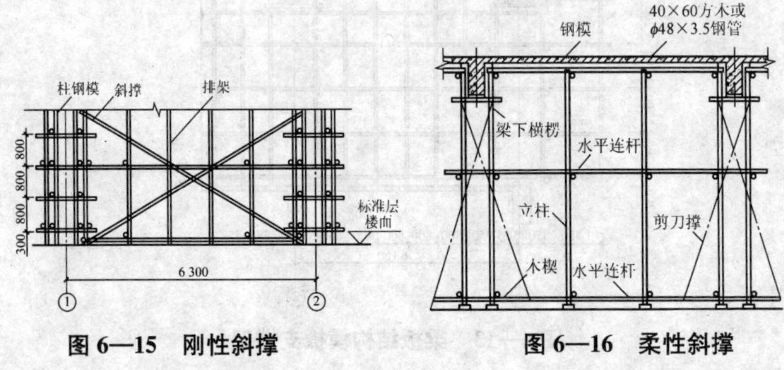


图 6—15　刚性斜撑　　图 6—16　柔性斜撑

**【技能要点2】碗口式钢管支撑架的搭设**

(1)树立杆。

立杆安装同脚手架。第一步立杆的长度应一致，使支撑架的各立杆接头在同一水平面上，顶杆仅在顶端使用，以便能插入底座。

(2)安放横杆和斜杆。

横杆、斜杆安装同脚手架。在支撑架四周外侧设置斜杆。斜杆可在框架单元的对角节点布置，也可以错节设置。

(3)安装横托撑。

横托撑可用作侧向支撑，设置在横杆层，并两侧对称设置。如图6—17所示，横托撑一端由碗扣接头同横杆、支座架连接，另一端插上可调托座，安装支撑横梁。

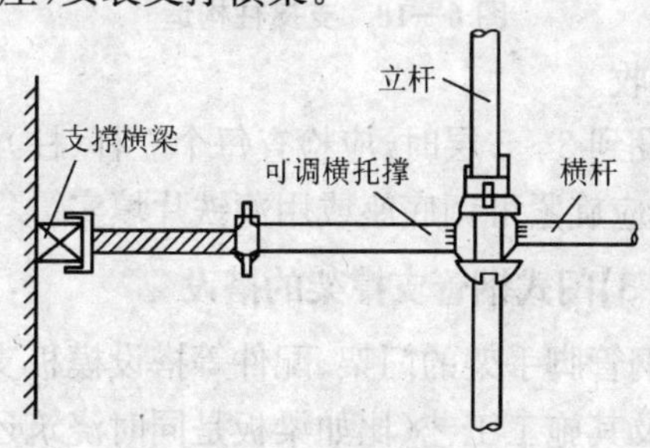


**图6—17　横托撑示意图**

(4)支撑柱搭设。

支撑柱由立杆、顶杆和0.30 m横杆组成(横轩步距0.6 m)，其底部设支座，顶部设可调座，如图6—18所示，支柱长度可根据施工要求确定。

支撑柱下端装普通垫座或可调垫座，上墙装入支座柱可调座，如图6—18(b)所示，斜支撑柱下端可采用支撑柱转角座，其可调角度为±10°，如图6—18(a)所示，应用地锚将其固定牢固。

支撑柱的允许荷载随高度的加大而降低，当$h \leqslant 5$ m时为140 kN；当5 m$< h \leqslant 10$ m时，为120 kN；当10 m$< h \leqslant 15$ m时为100 kN。当支撑柱间用横杆连成整体时，其承载能力将会有所提高。支撑柱也可以

预先拼装，现场可整体吊装以提高搭设速度。

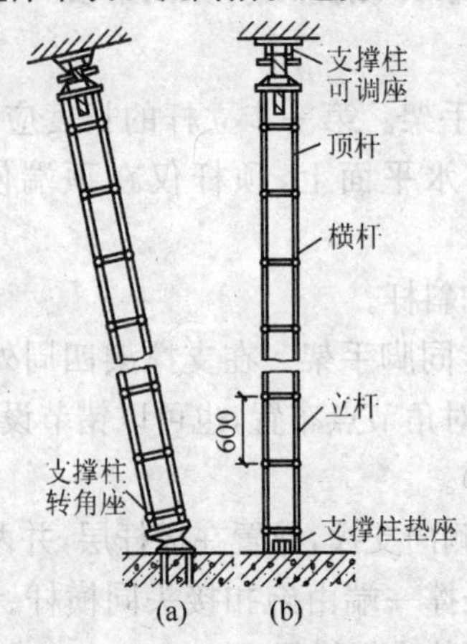


**图 6—18　支撑柱构造**

(5)检查验收。

支撑架搭设到 3～5 层时，应检查每个立杆(柱)底座下是否浮动或松动，否则应旋紧可调底座或用薄铁片填实。

**【技能要点 3】门式钢管支撑架的搭设**

采用门式钢管脚手架的门架、配件等搭设模板支撑架，根据楼(屋)盖的形式及其施工工艺(比如梁板是同时浇筑还是先后浇筑)等因素，将采用不同的布置形式。

1. 肋形楼(屋)盖模板支撑架(门垂直于梁轴线布置)

肋形楼(屋)盖结构中梁、板为整体现浇混凝土施工时，门式支撑架的门架，可采用平行于梁轴线或垂直于梁轴线两种布置方式。

(1)梁底模板支撑架。门架立杆上的顶托支撑托梁，小楞搁置在托梁上，梁底模板搁在上楞上。

若门架高度不够时，可加调节架加高支撑架的高度，如图 6—19 所示。

(2)梁、楼板底模板同时支撑架。当梁高不大于 350 mm(可调顶托的最大高度)时，在门架立杆顶端设置可调顶托来支承楼板底模，而梁底模可直接搁在门架的横梁上，如图 6—20 所示。

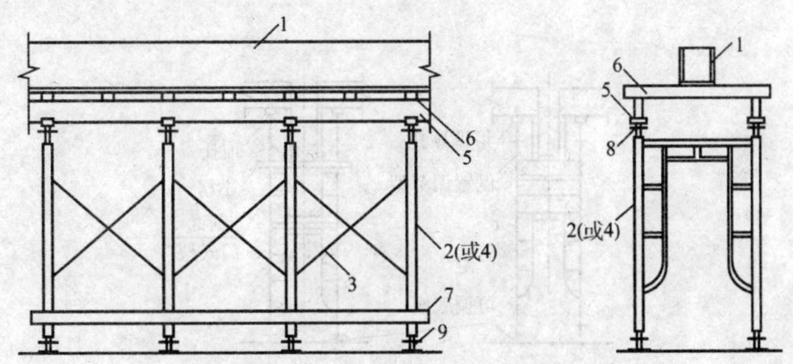


**图 6—19　梁底模板支撑架**

1—混凝土梁；2—门架；3—交叉支撑；4—调节架；5—托梁；6—小楞；7—扫地杆；8—可调托管；9—可调底座

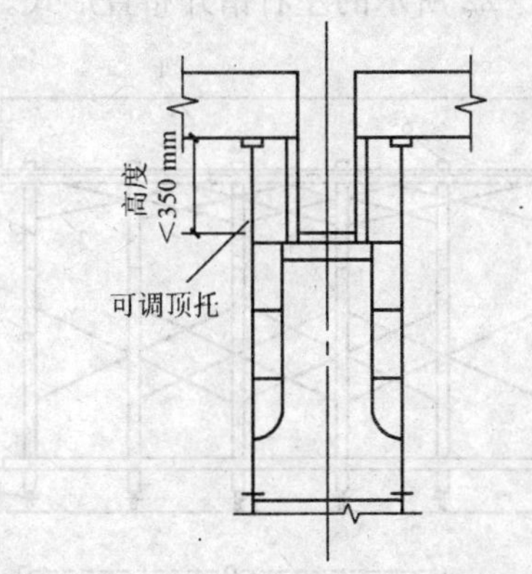


**图 6—20　梁、板度模板支撑架**

当梁高大于 350 mm 时，可将调节架倒置，将梁底模板支承在调节架的横杆上，而立杆上端放上可用顶托来支承楼板模板，如图 6—21(a)所示。

将门架倒置，用门架的立杆支承楼板底模，再在门架的立杆上固定一些小棱(小横杆)来支承梁底模板，如图 6—21(b)所示。

(3)门架间距选定。门架的间距应根据荷载的大小确定，同时也须考虑交叉拉杆的规格尺寸，一般常用的间距有 1.2m、1.5m、1.8 m。

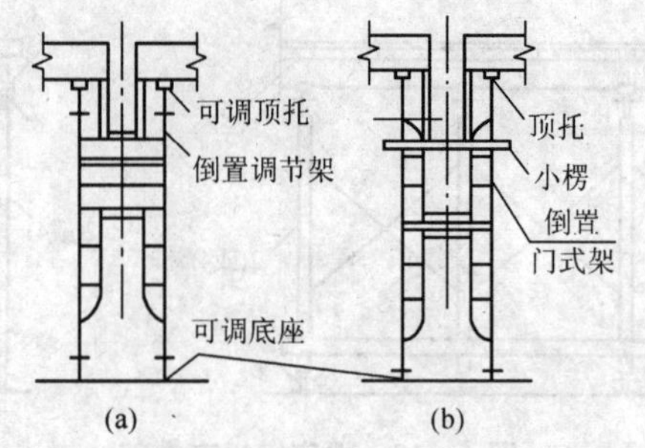


图 6—21 梁、板底模板支撑架形式

当荷载较大或者模板支撑高度较高时，上述 1.2 m 的间距仍太大时可采用图 6—22 所示的左右错开布置形式。

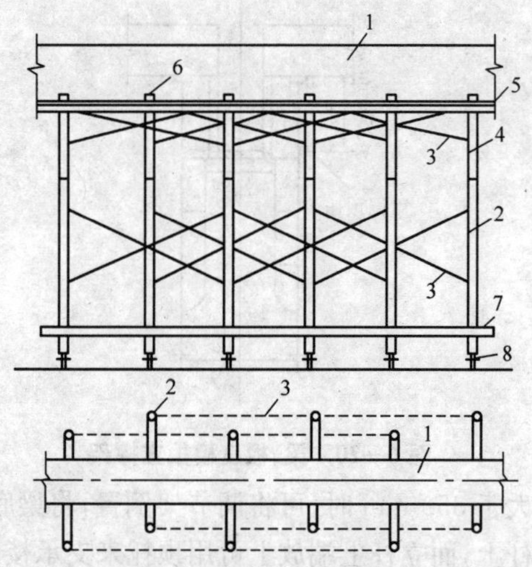


图 6—22 门架左右错开布置

1—混凝土梁；2—门架；3—交叉支撑；4—调节架；

5—托梁；6—小楞；7—扫地杆；8—可调底座

2. 肋形楼(屋)盖模板支撑(门架平行于梁轴线布置)

(1)模板支撑架。如图 6—23 所示，托梁由门架立杆托着，而它又支承着小柱，小棱支承着梁底模板。

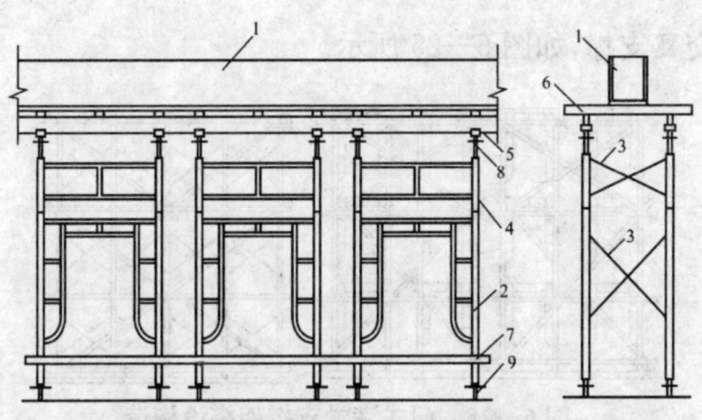


**图 6—23　模板支撑的布置形式**

1—混凝土梁；2—门架；3—交叉支撑；4—调节架；
5—托梁；6—小楞；7—扫地杆；8—可调托管；9—可调底座

梁两则的每对门架通过横向设置的交叉拉杆加固，它们的间距可根据所选定的交叉拉杆的长短确定。

纵向相邻两组门架之间的距离应考虑荷载因素经计算确定，但一般不超过门架宽度。

(2)梁、楼板底模板支撑架。支撑架如图 6—24 所示。上面倒置门架的主杆支承楼板底模，而在门架立杆上固定小棱，用它来支承梁底模板。

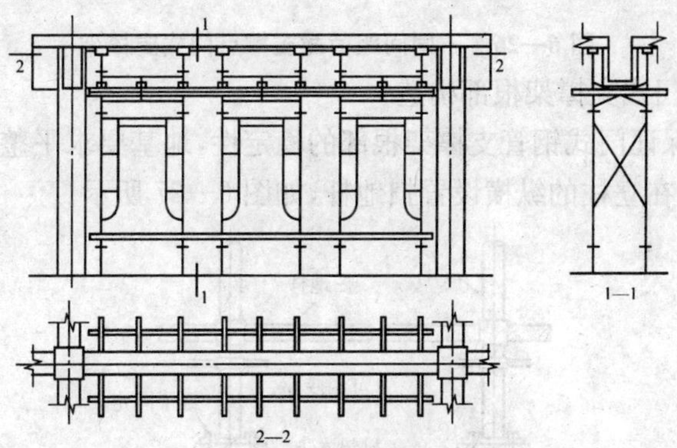


**图 6—24　梁、楼板模板支撑架形式**

为使满堂支撑架形成一个稳定的整体，避免发生摇晃，支撑架的每层门架均应设置纵、横两个方向的水平拉结杆，并在门架平面内布置一定数量的剪刀撑。在垂直门架平面的方向上，两门架之间设置交叉支撑，如图 6—25 所示。

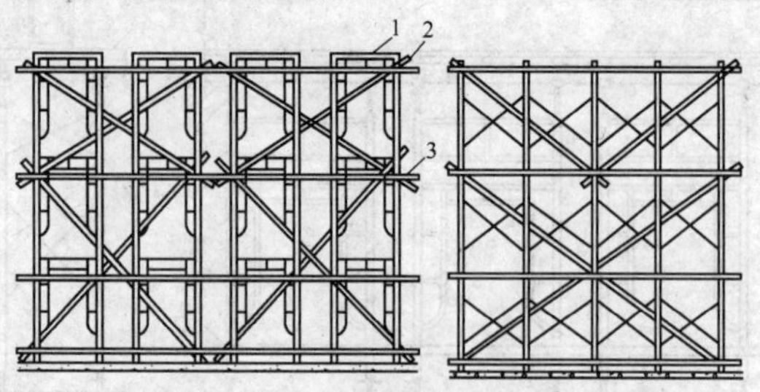


**图 6—25　门式满堂支撑架搭设构造**

1—门架；2—剪刀撑；3—水平加固杆

3. 密肋楼(屋)盖模板支撑架

在密肋楼屋中，梁的布置间距多样，由于站式钢管支撑架的荷载支撑点设置比较方便，其优势就更为显著。

如图 6—26 所示是几种不同间距荷载支撑点的门式支撑架。

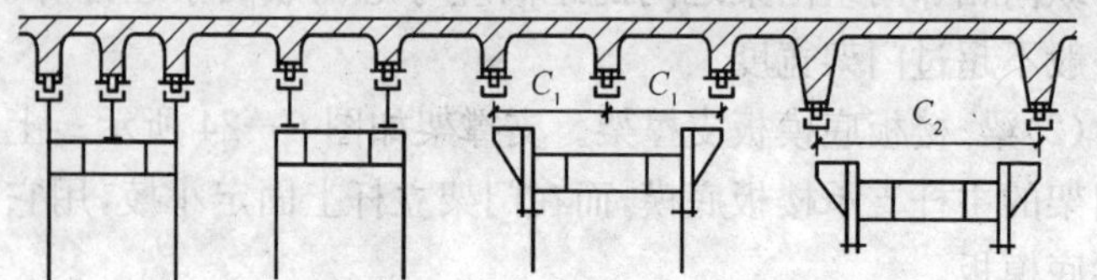


**图 6—26　不同间距荷载支撑点门式支撑架**

4. 门式支撑架根部构造

为保证门式钢管支撑架根部的稳定性，地基要求平整夯实，衬垫木方，在立柱的纵横设置扫地杆，如图 6—27 所示。

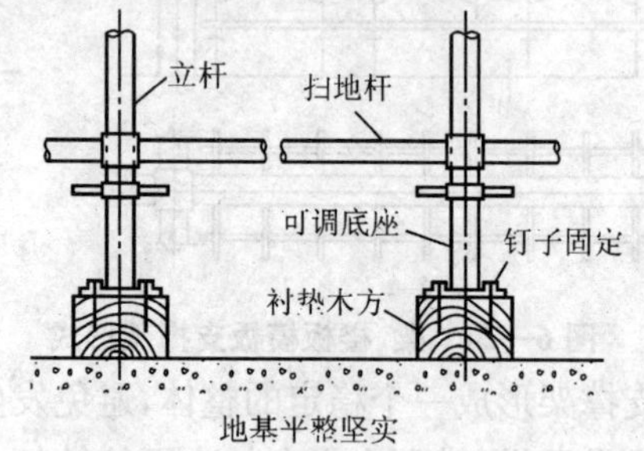


**图 6—27　门式钢管支撑架底部构造**

## 【技能要点 4】模板支撑架的拆除时间

表 6—2 是现浇混凝土达到规定强度标准值所需的时间。

**表 6—2　拆除底模板的时间参数**　（单位：h）

| 水泥 | 混凝土达到设计强度标准值的百分率(%) | 硬化时昼夜平均温度 | | | | | |
|---|---|---|---|---|---|---|---|
| | | 5℃ | 10℃ | 15℃ | 20℃ | 25℃ | 30℃ |
| P·O 32.5 | 50<br>70<br>100 | 12<br>26<br>55 | 8<br>18<br>45 | 6<br>14<br>35 | 4<br>9<br>28 | 3<br>7<br>21 | 2<br>6<br>18 |
| P·O 42.5 | 50<br>70<br>100 | 10<br>20<br>50 | 7<br>14<br>40 | 6<br>11<br>30 | 5<br>8<br>28 | 4<br>7<br>20 | 3<br>6<br>18 |
| P·S 32.5<br>P·P 32.5 | 50<br>70<br>100 | 18<br>32<br>60 | 12<br>25<br>30 | 10<br>17<br>40 | 8<br>14<br>28 | 7<br>12<br>24 | 6<br>10<br>20 |
| P·S 42.5<br>P·P 42.5 | 50<br>70<br>100 | 16<br>30<br>60 | 11<br>20<br>50 | 9<br>15<br>40 | 8<br>13<br>28 | 7<br>12<br>24 | 6<br>10<br>20 |

## 【技能要点 5】模板支撑与混凝土强度的要求

表 6—3 是各类现浇构件其拆模时的强度必须达到的要求。

**表 6—3　现浇结构拆模时所需混凝土强度**

| 项次 | 结构类型 | 结构跨度(m) | 按达到设计混凝土强度标准值的百分率计(%) |
|---|---|---|---|
| 1 | 板 | ≤2<br>>2 且≤3 | 35<br>75 |
| 2 | 梁、拱、壳 | ≤8<br>>8 | 75<br>100 |

续上表

| 项次 | 结构类型 | 结构跨度(m) | 按达到设计混凝土强度标准值的百分率计(%) |
|---|---|---|---|
| 3 | 拱壳 | ≤8<br>>8 | 75<br>100 |
| 4 | 悬臂构件 | ≤2<br>>2 | 75<br>100 |

**【技能要点6】支撑架的拆除**

支撑架的拆除要求与相应脚手架拆除的要求相同。

支撑架的拆除，除应遵守相应脚手架拆除的有关规定外，根据支撑架的特点，还应注意以下事项。

(1)支撑架拆除前，应由单位工程负责人对支撑架作全面检查，确定可以拆除时，方可拆除。

(2)拆除支撑架前应先松动可调螺栓，拆下模板并运出后，才可拆除支撑架。

(3)支撑架拆除应从顶层开始逐层往下拆，先拆可调托撑、斜杆、横杆，后拆立杆。

(4)拆下的构配件应分类捆绑、吊放到地面，严禁从高空抛掷到地面。

(5)拆下的构配件应及时检查、维修、保养，变形的应调整；油漆剥落的要除锈后重刷漆；对底座、调节杆、螺栓螺纹、螺孔等应清理污泥后涂黄油防锈。

(6)门架宜倒立或平放，平放时应相互对齐，剪刀撑、水平撑、栏杆等应绑扎成捆堆放，其他小配件应装入木箱内保管。

构配件应储存在干燥通风的库房内。如露天堆放，场地必须选择地面平坦、排水良好，堆放时下面要铺地板，堆垛上要加盖防雨布。

## 模板支撑架的类别及设置要求

1. 模板支撑架的类别

(1)按构造类型划分。

1)支柱式支撑架(支柱承载的构架)。

2)片(排架)式支撑架(由一排有水平拉杆连接的支柱形成的构架)。

3)双排支撑架(两排立杆形成的支撑架)。

4)空间框架式支撑架(多排或满堂设置的空间构架)。

(2)按杆系结构体系划分。

1)几何不可变杆系结构支撑架(杆件长细比符合桁架规定,竖平面斜杆设置不小于均占两个方向构架框格的 1/2 的构架)。

2)非几何不可变杆系结构支撑架(符合脚手架构架规定,但有竖平面斜杆设置的框格低于其总数 1/2 的构架)。

(3)按支柱类型划分。

1)单立杆支撑架。

2)双立杆支撑架。

3)格构柱群支撑架(由格构柱群体形成的支撑架)。

4)混合支柱支撑架(混用单立杆、双立杆、格构柱的支撑架)。

(4)按水平构架情况划分。

1)水平构造层不设或少量设置斜杆或剪刀撑的支撑架。

2)有一或数道水平加强层设置的支撑架,又可分为以下两种。

①板式水平加强层(每道仅为单层设置,斜杆设置不小于 1/37 平框格)。

②桁架式水平加强层(每道为双层,并有竖向斜杆设置)。

此外,单双排支撑架还有设附墙拉结(或斜撑)与不设之分,后者的支撑高度不宜大于 4 m。支撑架的所受荷载一般为竖向荷载,但箱基模板(墙板模板)支撑架则同时受竖向和水平作用。

2. 模板支撑架的设置要求

支撑架的设置应满足可靠承受模板荷载,确保沉降、变形、位移均符合规定，绝对避免出现坍塌和垮架的要求，并应特别注意确保以下三点。

(1)承力点应设在支柱或靠近支柱处，避免水平杆跨中受力。

(2)充分考虑施工中可能出现的最大荷载作用，并确保其仍有两倍的安全系数。

(3)支柱的基底绝对可靠，不得发生严重沉降变形。

# 第七章　烟囱及水塔脚手架的构造与搭设方法

## 第一节　烟囱及水塔脚手架的构造

### 【技能要点 1】烟囱内脚手架的构造

如图 7—1 所示，烟囱内工作台由插杆、脚手板、吊架等部分组成，适用于高度在 40 m 以下，烟囱的上口内径在 2 m 以内的砖烟囱施工。

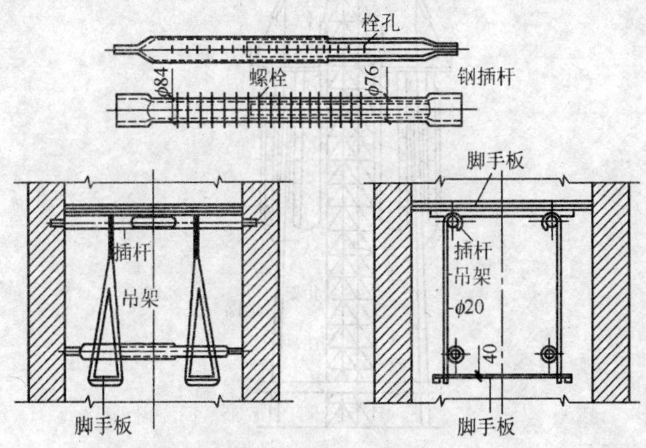


图 7—1　钢插杆工作台

插杆由两段粗细不同的无缝钢管制成，在管壁上钻有栓孔，栓孔的间距根据每步架的高度及筒身的坡度经计算确定。如每步架高为 1.2 m，筒身坡度为 2.5%，则栓孔距离为 6 cm。插杆的外径为 84 mm，里管的外径用 76 mm，插杆两头打扁以便支承在烟囱壁上；里外管的搭接长度要大于 30 cm，以防弯曲，栓孔中插入螺栓，可以调节插杆的长短，以便随着筒身坡度的改变牢靠地支承在烟囱壁上。

脚手板用 5 cm 厚的木板制成，可按烟囱内壁直径的大小，做成略小的近似半圆形，分 4 块支在插杆上，中间留出孔洞以检查烟囱中心位置，脚手架随烟囱的升高逐渐锯短铺设。

吊架用 20 mm 的钢筋弯制而成，挂在插杆上，并在吊架之间搭设脚手板，作为修理筒内表面、堵脚手眼的工作平台。

**【技能要点 2】烟囱外脚手架的构造**

如图 7—2 所示，烟囱的提升工作台由井字架、工作台和提升设备等组成。

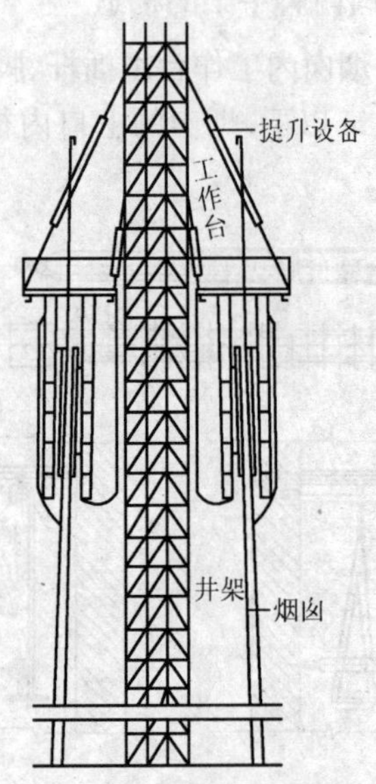


**图 7—2　提升工作台的组成**

**【技能要点 3】水塔外脚手架的构造**

(1)立杆。杉篙立杆的间距不大于 1.4 m，钢管立杆的间距不大于 1 m，在井笼口和出口处的立杆间距不大于 2 m。里排立杆离水塔壁最近距离为 40～50 cm，外排立杆离水塔壁的距离不大于 2 m。

四角和每边中间的立杆必须使用“头顶头双戗杆”。架子高度在 30 m 以上时，所有立杆应全部使用“头顶头双戗杆”。杉篙立杆的埋地深度不得小于 5 cm。

(2)大横杆。大横杆的间距不大于1.2 m,封顶应绑双杆。杉篙大横杆的搭接长度不得小于两根立杆。

(3)小横杆和脚手板。小横杆的间距不大于1 m,并需全部绑牢。脚手板必须满铺。操作平台并设两道护身栏杆和挡脚板。架子高度超过10 m时,脚手板下方应加铺一层安全板,随每步架上升。

(4)剪刀撑和斜撑。剪刀撑四面必须绑到顶。高度超过30 m的脚手架,剪刀撑必须用双杆。

斜撑与地面的夹角不大于60°。最下面的六步架应打腿戗。

(5)缆风绳与地锚。水塔外脚手架高度在10～15 m时,应对称设一组缆风绳,每组4～6根。缆风绳用直径不小于12.5 mm的钢丝蝇,与地面夹角为45°～60°,必须单独牢固地拴在专设的地锚内,并用花篮螺钉调节松紧。缆风绳严禁拴在树木、电线杆等物体上,以确保安全。

水塔外脚手架除第一组缆风绳外,架子每升高10 m加设一组。脚手架支搭过程中应加临时缆风绳,待加固缆风绳设置好以后方可拆除。

(6)附属于脚手架的"之"字马道,宽度不得小于1 m,坡度为1∶3,满铺脚手板并与小横杆绑牢,在其上加钉防滑条。

## 第二节　烟囱及水塔脚手架的搭设

**【技能要点1】烟囱内脚手架的搭设**

搭设时先将插杆支承在烟囱壁上,挂上吊架,搭上上下两层脚手板即可使用,施工时筒身每砌高一步架,将插杆往里缩一次,重新将螺栓紧固好。当一步架砌完后,先将上面放好插杆,再将脚手板翻移上去。施工过程中,需要不同规格的插杆倒换使用,当烟囱直径较大(直径超过2 m)时,可采用木插杆工作台,在施工过程中随着筒身直径的缩小锯短木插杆,如图7—3所示。

烟囱采用内工作台施工时,一般在烟囱外搭设双孔井字架作为材料运输和人员上下使用。同时在井字架上悬吊一个卸料台。

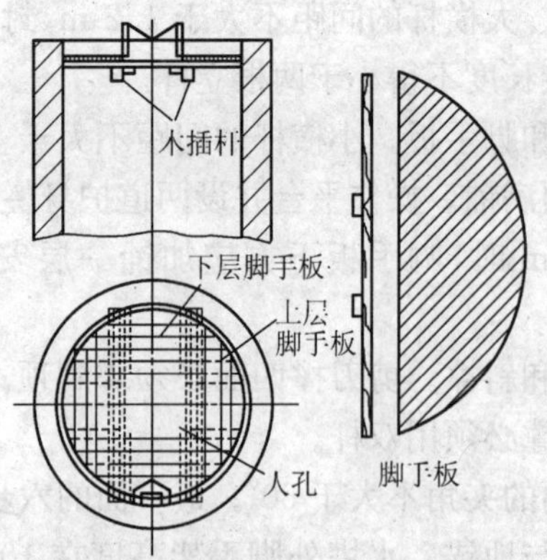


图 7—3 木插杆内工作台

卸料台用方木和木板制成，用 2～4 个倒链挂在井字架上，逐步提升卸料台并使其一直高于砌筑工作面，可将材料用人传递或用溜槽卸到工作平台上，如图 7—4 所示。

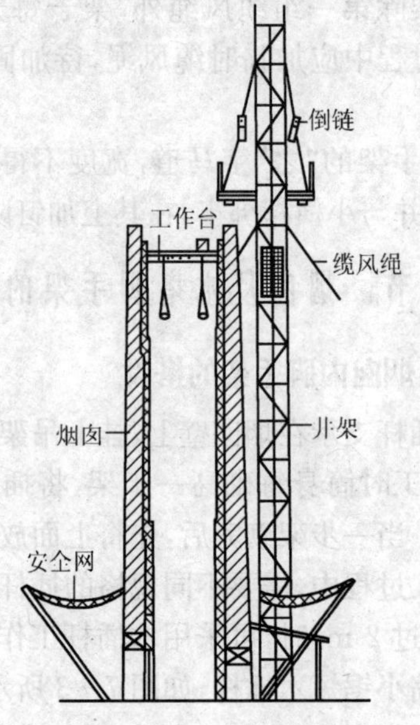


图 7—4 外井架布置

**【技能要点2】水塔外脚手架的搭设**

(1)放立杆位置线。一般根据水塔的直径和脚手架塔设的平面形式,确定立杆的位置,常用以下两种方法。

1)下方形脚手架放线法。已知水塔底的外径为3 m,里排立杆距水塔壁的最近距离为50 cm,由此求出搭设长度为3＋2×0.5＝4 m,再挑4根长于4 m的立杆,在杆上量出4 m长的边线,并在钢管的中线处划上十字线,将四根划好线的立杆在水塔外围摆成正方形,注意杆件的中线与水塔中线对齐,正方形的对角线相等,则杆件垂直相交的四角即为脚手架里排四角立杆的位置。据此按脚手架的搭设方案确定其他中间立杆和外排立杆的位置,如图7—5所示。

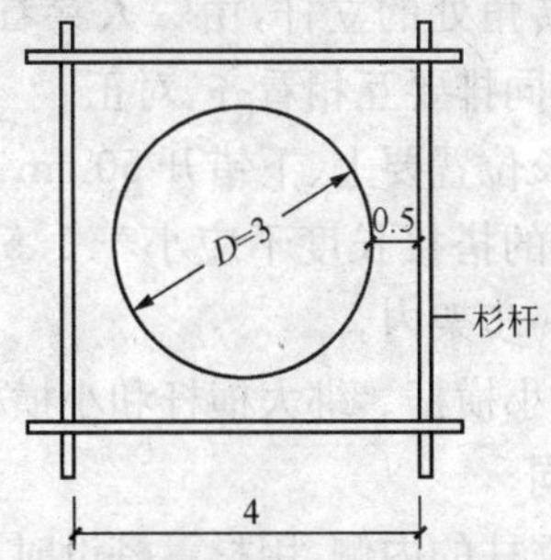


**图7—5　正方形架里排立杆位置的确定方法**

2)六角形脚手架放线法。

六角形里排脚手架的边长按下式计算:里排边长＝(1.5＋0.5)×1.15＝2.3 m。再找6根3 m左右的杆件,在两端留出余量,用尺子量出2.3 m划上十字线,按上述方法在水塔外围摆成正六边形,就可以确定里排脚手架6个角点的位置。在此基础上再按要求划出中间立杆和外排脚手架立杆的位置线,如图7—6所示。

(2)挖立杆坑。立杆的位置线放出后,就可以依次挖立杆坑。坑探不小于50 cm,坑的直径应比立杆直径大10 cm左右,挖好后最好在坑底垫砖块或石块。

(3)竖立杆。竖立杆时最好3人配合操作,依次先竖里排立

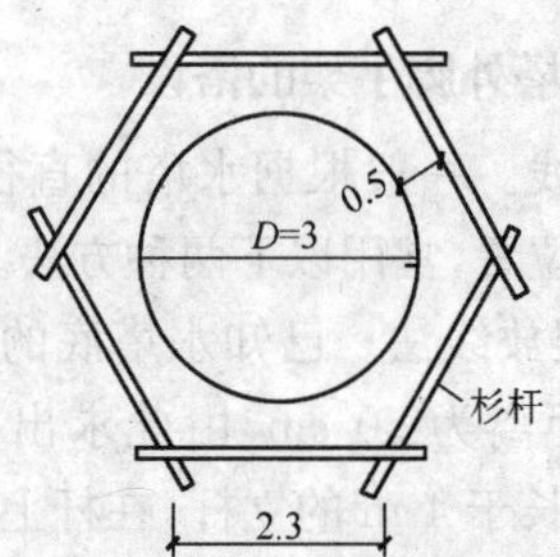


图 7—6　六角形架里排立杆位置的确定方法

杆，后竖外排立杆。由一人将立杆对准坑口，第二个人用铁锹挡住立杆根部，同时用脚蹬立杆根部，再一人抬起立杆向上举起竖立。注意推杆不能过猛，以防收势不住倒杆伤人。

竖立杆时先竖转角处的立杆，由一人穿看垂直度后将立杆坑回填夯实，中间立杆同排要互相看齐、对正。

相邻立杆的接长位置要上、下错开 50 cm 以上，钢管立杆应用对接，接长杉篙立杆的搭接长度不应小于 1.5 m，并绑 3 道铁丝，所有接头不能在同一步架内。

(4)绑大横杆和小横杆。绑大横杆和小横杆的方法与钢、木脚手架的方法基本相同。

大横杆应绑在立柱的内侧，用杉篙搭设时，同一步架内的大头朝向应相同，搭接处小头压在大头上，搭接位置应错开。相邻两步大横杆的大头朝向应相反。

小横杆应按规定与大横杆绑牢，端头距水塔壁 10～15 cm。

(5)绑剪刀撑和斜撑。剪刀撑和斜撑应随架子搭高及时绑扎，最下一道要落地，绑扎方法与杉篙和钢脚手架相同。

(6)拉缆风绳。架子搭至 10～15 m 高时，应及时拉缆风绳，每组 4～6 根，上端与架子拉结牢固，下端与地锚固定，并配花篮螺钉调节松紧。特别注意，严禁将缆风绳随意捆绑在树木、电线杆等不安全的地方。

(7)绑护身栏杆、立挂安全网。在操作面上应设两道高 1.2 m 以上的护身栏杆，加绑挡脚板，并立挂安全网。

操作面上满铺脚手板，要求与前述脚手架相同。

(8)水塔的水箱部分可采用挑架子或增设里立杆的脚手架，如图 7—7 所示。

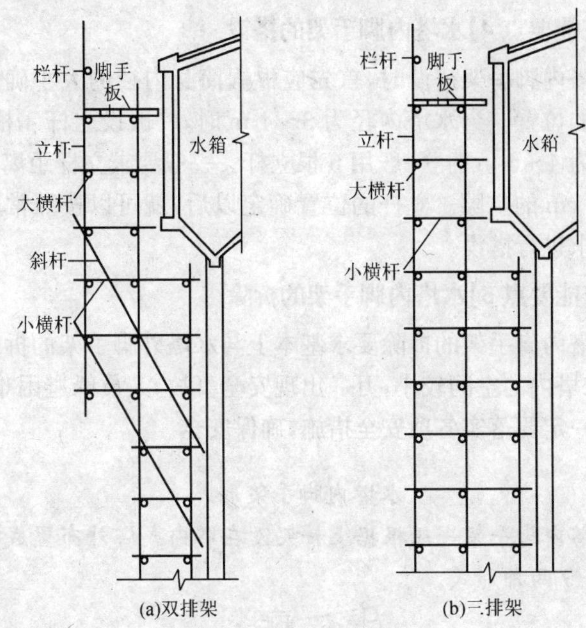


图 7—7　水塔外脚手架

## 【技能要点 3】水塔外脚手架的拆除

1. 拆除顺序

其拆除顺序为：立挂安全网→护身栏→挡脚板→脚手板→小横杆→顶端缆风绳→剪刀撑→大横杆→立杆→斜撑和抛撑。

拆除脚手架时，必须按上述顺序由上而下一步一步地依次拆除，严禁用拉倒或推倒的方法拆除。

2. 注意事项

水塔外脚手架拆除时至少三人配合操作，并佩戴安全带和安全帽。拆除前应确定拆除方案，对各种杆件的拆除顺序做到心中有数，特别是缆风绳的拆除要格外注意，应由上而下拆到缆风绳处才能对称拆除，严禁为工作方便将缆风绳随意乱拆，以避免发生倒架事故。

在拆除过程中要特别注意脚手架的缺口、崩扣以及搭得不合格的地方。

**【技能要点 4】水塔内脚手架的搭设**

水塔内脚手架搭设时，首先应根据筒身内径的大小确定拐角处立杆的位置。当水塔内径为 3～4 m 时，一般设立杆 4 根；当水塔内径为 4～6 m 时，一般用 6 根立杆。一般要求立杆距离水塔筒壁有 20 cm 的空隙。立杆的位置确定以后，就可以按照常规脚手架的要求进行搭设。

**【技能要点 5】水塔内脚手架的拆除**

水塔内脚手架的拆除要求基本上与水塔外脚手架的拆除要求相同，水塔内的空间较小，万一出现安全事故，人员躲避困难，所以拆除时一定要落实各项安全措施，确保安全。

水塔内脚手架形式

水塔内脚手架一般根据上料架设在塔内或塔外布置成图7—8和图 7—9 两种形式。

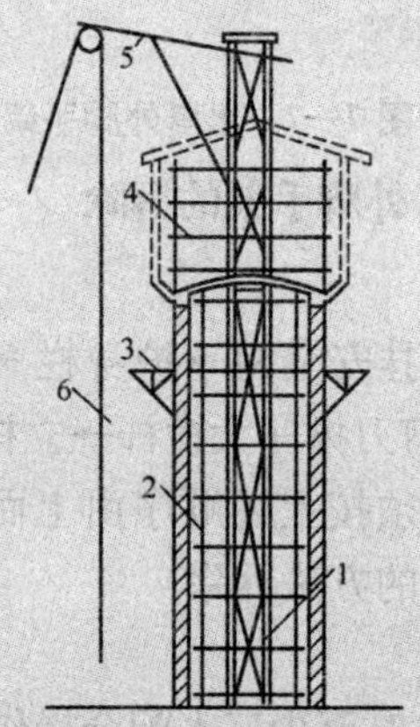


**图 7—8　水塔内脚手架布置形式之一**

1—井形上料架；2—内脚手架；3—三角托架；4—水塔内脚手架；5—上料吊杆；6—钢丝绳

如图 7—8 所示的布置形式上料架设在水塔内，水塔筒身的内脚手架和水箱内脚手架分别搭设在已施工完的水塔地面和水箱底板上，水箱内脚手架可以设置上料吊杆，以方便施工材料的上下吊运。

如图 7—9 所示形式，上料脚手架设在水塔外，施工时，先搭设筒身的内脚手架至水箱底，待水箱底施工完毕后，再在水箱下吊运。

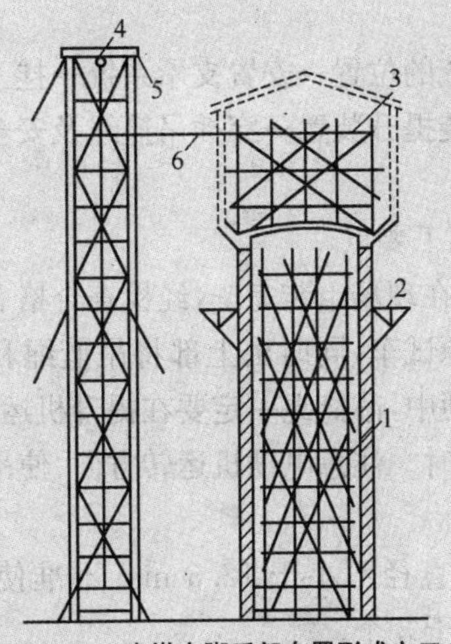


图 7—9　水塔内脚手架布置形式之二

1—筒身内脚手架；2—三角托架；3—水箱内脚手架；4—上料井架；5—缆风绳；6—跳板

# 第八章　其他脚手架的搭设

## 第一节　吊篮式脚手架的搭设

**【技能要点 1】吊篮式脚手架搭设要点**

1. 搭设顾序

确定支承系统的位置→安置支承系统→挂上吊篮绳及安全绳→组装吊篮→安装提升装置→穿插吊篮绳及安全绳→提升吊篮→固定保险绳。

2 电动吊篮施工要点

(1)电动吊篮在现场组装完毕，经检查合格后，运到指定位置，接上钢丝绳和电源试车，同时由上部将吊篮绳和安全绳分别插入提升机构及安全锁中，吊篮绳一定要在提升机运行中插入。

(2)接通电源时。注意电动机运转方向，使吊篮能按正确方向升降。

(3)安全绳的直径不小于 12.5 mm 不准使用有接头的钢丝绳，封头卡扣不少于 3 个。

(4)支承系统的挑梁采用不小于 14 号的工字钢。挑梁的挑出端应略高于固定端。挑梁之间纵向应采用钢管或其他材料连接成一个整体。

(5)吊索必须从吊篮的主横杆下穿过，连接夹角保持 45°并用卡子将吊钩和吊索卡死。

(6)承受挑梁拉力的预埋铁环，应采用直径不小于 16 mm 的圆钢，埋入混凝土的长度大于 360 mm 并与主筋焊接牢固。

**【技能要点 2】吊篮式脚手架拆除要点**

将吊篮逐步降至地面→拆除提升装置→抽出吊篮绳→移走吊篮→拆除挑梁→解掉吊篮绳、安全绳→将挑梁及附件吊送到地面。

**【技能要点3】吊篮式脚手架的验收**

无论是手动吊篮还是电动吊篮，搭设完毕后都要由技术、安全等部门依据规范和设计方案进行验收，验收合格后方可使用。

**【技能要点4】吊篮式脚手架的检查**

(1)屋面支承系统的悬挑长度是否符合设计要求，与结构的连接是否牢固可靠，配套的位置和配套量是否符合设计要求。

(2)检查吊篮绳、安全绳、吊索。

(3)五级及五级以上大风及大雨、大雪后应进行全面检查。

**【技能要点5】吊篮的安全管理**

(1)吊篮组装前施工负责人、技术负责人要根据工程情况编制吊篮组装施工方案和安全措施，并组织验收。

(2)组装吊篮所用的料具要认真验选。用焊件组合的吊篮，焊件要经技术部门检验合格，方准使用。

(3)吊篮脚手架使用荷载不准超过 120 kg/ $m^2$(包括人体重)。吊篮上的人员和材料要对称分布，不得集中在一头，保证吊篮两端负载平衡。

(4)吊篮脚手架提升时，操作人员不准超过 2 人。

(5)严禁在吊篮的防护以外和护头棚上作业。任何人不准擅自拆改吊篮，因工作需要必须改动时，要将改动方案报技术、安全部门和施工负责人批准后，由架子工拆改。架子工拆改后经有关部门验收后，方准使用。

(6)5 级大风天气，严禁作业。在大风、大雨、大雪等恶劣天气过后，施工人员要全面检查吊篮，保证使用安全。

吊篮式脚手架的特点

吊篮脚手架是通过在建筑物上特设的支承点固定挑梁或挑架，利用吊索悬挂吊架或吊篮进行砌筑或装饰工程施工的一种脚手架，是高层建筑外装修和维修作业的常用脚手架。

吊篮脚手架分手动吊篮脚手架和电动吊篮脚手架两类。

吊篮脚手架特点是节约材料，节省劳力，缩短工期，操作方便灵活，技术经济效益较好。

## 第二节　高层建筑脚手架的搭设

### 【技能要点1】高层建筑脚手架搭设技术要求

(1)分段外挑的悬挑脚手架，可以采用第一段搭设落地脚手架，第二段搭设外挑架的方法，也可以从建筑物的第二层开始搭设外挑架子，底层地面成为运输通道，也便于建筑物周围的管网施工。

(2)悬挑脚手架在垂直高度上进行分段搭设。在高层建筑的外柱上，每隔二十步架高埋设三角支承架，在三角支承架上安设两根槽钢纵架，在纵梁上搭设脚手架。

(3)分段外挑的悬挑式脚手架的技术要求见表8—1。

**表8—1　悬挑式脚手架的技术要求**

| 允许荷载(N·$m^{-2}$) | 立杆最大间距(mm) | 顺水杆最大间距(mm) | 排木间距(mm) | | |
|---|---|---|---|---|---|
| | | | 脚手板厚度(mm) | | |
| | | | 30 | 40 | 50 |
| 1 000 | 2 700 | 1 350 | 2 000 | 2 000 | 3 000 |
| 2 000 | 2 400 | 1 200 | 1 400 | 1 000 | 1 700 |
| 3 000 | 2 000 | 1 000 | 2 000 | 1 500 | 2 200 |

#### 高层建筑脚手架形式

(1)落地式全高脚手架，即从地面上一直搭上去、覆盖建筑物全高的脚手架。考虑到立杆的承载能力和架子的稳定性，国家有关规范规定：门式钢管脚手架允许搭到60 m高；竹、木、扣件式或碗扣式钢管脚手架则允许搭到25～50 m高。超过规定的脚手架要采用卸载措施，即在规定高度(一般定为35 m)以上采用分段装设挑支架或撑拉构造，将该段脚手架荷载全部或大部分卸给工程结构承受。

这种脚手架稳定性好、作业条件好，易于设立面围护，可以一架两用(既用于结构施工又可用于装修施工)。缺点是材料人工耗用大，不经济；搭设高度受限制、占用时间长、周转慢。

(2)吊、挂、挑脚手架。吊篮是高层建筑外装修和维修(修缮)作业的常用脚手架形式之一。有手动、电动、单用和并联使用、钢丝绳式和链杆式(指悬吊或牵引绳)等多种形式。

挑脚手架采用塔吊安装或升降，常将2～3步定型脚手架段挂于墙面挂托件(预埋或用螺栓穿墙固定)上。

在高层建筑中采用的挑脚手架有两种，一种是2～3步架高的插口架，按工程情况采用适当的挑支方式锚固；另一种是支在三角挑架上的高6～30 m的脚手架。

(3)附墙升降式脚手架。这是近年出现的新型脚手架，有自滑升式和相邻架段交替提升式两种。自滑升式脚手架由固定架和滑动架等两套连墙架构成，其滑动架的立杆套于固定架的立杆上。在升降时，交替固定和松开，利用附墙固定的架子提升松开附墙连接的架子。相邻架段交替提升方式采用两种型号并间隔布置的方式，互为支承基点交替升降，即松开乙型架段后用甲型架段提升乙型架段；随后固定乙型架段再松开甲型架段，用乙型架段提升甲型架段。

(4)整体提升脚手架。即搭设一个四层楼高的脚手架，使用多台提升设备整体提升。在主体结构施工阶段，每次提升一层楼高；在装修阶段，每下降一次，可完成三层外装修作业，特别适合塔式超高层建筑施工。

**【技能要点2】高层建筑脚手架搭设操作要点**

(1)悬挑式脚手架的空间稳定性至关重要，应根据建筑物的轴线尺寸，水平方向每隔6 m、竖直方向每隔3～4 m设置一个拉接点，各点呈梅花形错开布置，与结构连接牢固。拉结点的具体做法是在现浇钢筋混凝土结构上按上述要求埋设预埋件，然后用∟100

×63×10 的角钢一端与预埋件焊接，另一端用螺栓连接短管，如图 8—1 所示。

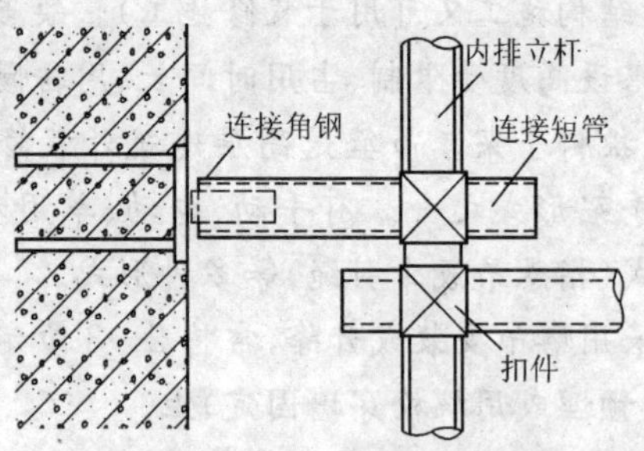


**图 8—1　脚手架与建筑物的拉结**

(2)采用。

下撑式挑架施工时，挑架在安装前，应放好线，按线安装。斜撑下端与连接的部位应预先埋设好预埋件，然后在适当的柱子轴线位置上找好标高，先安装一根挑梁，用 $\phi25$ 的钢筋穿过挑梁腹板上的预留孔眼，再与柱主筋焊接牢固。其他挑梁均按此进行安装斜撑，并与柱和挑梁焊牢。最后安装纵梁与纵梁之间的钢桁架，以及横梁并搭设钢管脚手架。

### 高层建筑物的设置要求

1. 落地式全高脚手架

除遵守该脚手架的一般规定外，尚应根据高层建筑施工的特点，满足以下的设置要求。

(1)认真处理地基，加强立杆底部的支垫。

(2)严格控制立杆的垂直偏差。

(3)设置的连墙点应加密，并拉结牢靠。

(4)为加强架子的整体稳定性，应采用满架立面设置剪刀撑。

(5)超过规定高度的架子要按设置要求采取卸载措施。

(6)采用半封闭或全封闭围护。

2. 吊、挂、挑脚手架

(1)脚手架的支挑和悬挂件必须经专门设计，支承结构要进行受力验算，支挑悬挂件的加工和安装必须符合设计规定。

(2)细致地考虑脚手架的安装和提升措施，以确保绝对安全。

(3)人工进行高空组装作业时，要采用双重安全保护措施(安全带和安全网)。

(4)脚手架段组装连长之后，要采用拉结固定和防摇晃的措施，以增强架子的空间稳定性。

(5)配备专职人员对使用过程进行专项检查、维修或采取应急措施。

3. 附墙升降式脚手架

附墙升降脚手架的工艺流程为：墙体预留孔→安装升降架→爬升→下降→拆除。

墙体预留孔按照脚手架的平面布置图和升降架附墙支座的位置设置，孔径一般为 40～50 mm。为使升降顺利，预留孔的中心必须在同一直线上。

安装附墙架的工作在吊机配合下按脚手架平面图进行。先把上、下固定架用 4 个扣件和 2 个保险螺栓连接起来，组成 1 片，上墙安装。一般每 2 片为一组，每步架上用 4 根 ϕ48×3.5 钢管作为大横杆，把 2 片升降架连接成一跨，组装成一个与邻跨没有牵连的独立升降单元体。附墙支座的螺栓从墙外穿入，待架子校正后，在墙内紧固。脚手架工作时，每个单元体共有 8 个 ϕ30 穿墙螺栓与墙体锚固。升降架上墙组装完后，再用 ϕ48×3.5 的钢管接高一步，最后将各升降单元顶部扶手栏杆连成整体，内侧立杆用扣件与模板系统拉结，以增加脚手架的整体稳定性。

# 参考文献


[1] 中华人民共和国住房和城乡建设部. JGJ 130－2011 建筑施工扣件式钢管脚手架安全技术规范[S]. 北京：中国建筑工业出版社，2011.

[2] 中华人民共和国住房和城乡建设部. JGJ 128－2010 建筑施工门式钢管脚手架安全技术规范[S]. 北京：中国建筑工业出版社，2010.

[3]《建筑施工手册》编写组. 建筑施工手册(缩印本)[M]. 第 4 版. 北京：中国建筑工业出版社，2003.

[4] 罗凯. 建筑工程安全技术交底手册[M]. 北京：冶金工业出版社，2005.

[5] 建设部工程质量安全监督与行业发展司. 建筑工人安全操作基本知识读本：架子工[M]. 北京：中国建筑工业出版社，2006.

[6] 何猛. 工人小手册系列丛书：架子工小手册[M]. 北京：中国电力出版社，2006.

[7] 刘宪勇. 建设职业技能岗位培训教材：架子工[M]. 北京：中国环境科学出版社，2003.